I0067043

Frank D. Adams

Ueber das Norian oder Ober-Laurentian von Canada

Frank D. Adams

Ueber das Norian oder Ober-Laurentian von Canada

ISBN/EAN: 9783743439641

Hergestellt in Europa, USA, Kanada, Australien, Japan

Cover: Foto ©berggeist007 / pixelio.de

Manufactured and distributed by brebook publishing software
(www.brebook.com)

Frank D. Adams

Ueber das Norian oder Ober-Laurentian von Canada

Ueber das

Norian oder Ober-Laurentian
von Canada.

Inaugural-Dissertation

zur

Erlangung der Doctorwürde

der

hohen naturwissenschaftlich-mathematischen Facultät

der

Ruprecht-Karls-Universität zu Heidelberg

vorgelegt von

Frank D. Adams

aus Montreal, Canada.

———— ◆ ┊ ✳ ┊ ◆ ————

Stuttgart.

E. Schweizerbart'sche Verlagshandlung (E. Koch).

1893.

Ueber das Norian oder Ober-Laurentian von Canada.

Von

Frank D. Adams in Montreal.

Mit Taf. XIX, XX und 8 Holzschnitten.

Inhaltsverzeichniss.

Die vorliegende Abhandlung beruht sowohl auf dem Studium der canadischen Anorthosite im Felde, einer Arbeit,

welche für die geologische Landesanstalt von Canada ausgeführt wurde und fünf Sommer in Anspruch nahm, als auch
auf der Untersuchung einer grossen Anzahl Dünnschliffe dieser
Gesteine und einem sorgfältigen Studium der einschlägigen
Literatur.

Der petrographische Theil der Arbeit wurde hauptsäch-
lich im mineralogischen Institut der Universität Heidelberg
ausgeführt und ich erlaube mir Herrn Geheimen Bergrath
ROSENBUSCH meinen herzlichsten Dank auszusprechen für seine
Unterstützung und seinen Rath während des Fortgangs der
Arbeit.

Ferner bin ich Herrn Dr. A. R. C. SELWYN, dem Director
der geologischen Landesanstalt von Canada, zu besonderem
Danke verpflichtet für die Erlaubniss, von bisher nicht ver-
öffentlichtem Material, welches Eigenthum der geologischen
Landesanstalt ist, Gebrauch machen zu dürfen.

I. Allgemeine Darstellung der Geologie des Laurentian.

Der Kern des nordamerikanischen Continents besteht bekanntlich aus einem enormen Gebiet archaeischer Gesteine,
welches grösstentheils im canadischen Dominium liegt und einen
Flächenraum von nicht weniger als 2 031 000 Quadratmeilen[1]
einnimmt. Diese bilden das, was SUESS[2] „den canadischen
Schild" nennt, sowie auch den mehr gebirgigen Landstrich
längs der Küste von Labrador.

Im Allgemeinen kann man sagen, dass die südliche Grenze
dieses Gebietes sich vom Lake Superior nordöstlich längs des
unteren St. Lorenzstromes bis Labrador hinzieht[3] und nordwestlich bis zur Mündung des Mackenzie-Flusses in das Eismeer. Nördlich von diesen Grenzen bis an die Küsten des
Eismeeres heran ist fast das ganze Land aus diesen alten
krystallinischen Gesteinen aufgebaut, und obwohl in dieser

---

[1] In der vorliegenden Abhandlung sind Entfernungen stets in engl.
Meilen und Flächen in engl. ☐ Meilen angegeben. 1 engl. Meile = 1,609 km
= 0,217 deutsche Meilen.

[2] SUESS, Antlitz der Erde. Bd. II, p. 42.

[3] G. M. DAWSON, Notes to accompany a Geological Map of the
Northern Portion of the Dominion of Canada. Ann. Rep. Geol. Survey
of Canada 1886.

ungeheuren Landstrecke sich einige untergeordnete Gebiete von huronischen Gesteinen finden, so ist doch bei weitem der grösste Theil vom Alter der unteren archaeischen Formation oder des Laurentian.

Dieser grosse Gesteinscomplex besteht hauptsächlich aus Orthoklas-Gneissen fast in allen Varietäten, sowohl hinsichtlich der Structur, als auch der Zusammensetzung. An manchen Orten sind diese Gneisse nahezu ungeschichtet und sehen wie Granit aus, in anderen Gebieten von gewaltiger Ausdehnung, hingegen erscheinen sie so vollkommen geschichtet, wie nur irgend eine palaeozoische Formation und liegen dann auf weiten Flächen ganz flach oder bilden nur schwachwellige Schichten. Ein grosser Theil der fast ungeschichteten Gneisse ist wahrscheinlich eruptiv, für einige Vorkommnisse ist dies zweifellos bewiesen. Andererseits hat man allen Grund anzunehmen, dass vieles von dem geschichteten Theil der Formation sedimentären Ursprungs ist.

In gewissen Gebieten, wo der geschichtete Gneiss auftritt, findet man darin eingebettet Lager von krystallinischem Kalk, Quarzit, Amphibolit und anderen Gesteinen, oft von beträchtlicher Mächtigkeit. Dann pflegt der Gneiss selbst varietätenreicher als sonst zu sein und gewisse solcher Abarten begleiten fast ausnahmslos die Kalkeinlagerungen. Das sind zumal granathaltiger Gneiss und ein eigenthümlicher, auffallend rostig verwitternder, Sillimanitgneiss. Diese Gneisse, sammt den begleitenden körnigen Kalken, Quarziten etc. hielt Logan für eine höhere Abtheilung des Laurentian, welche concordant auf einem untern Gneiss läge, der keine Kalksteine, Quarzite etc. enthielte und einen mehr einförmigen Charakter besässe[1].

Er nannte diese obere Abtheilung die „Grenville-Stufe" nach der Stadt Grenville[2] in der Provinz Quebec, wo sie sehr gut entwickelt war, während der muthmaassliche untere Gneiss wegen seiner weiten Verbreitung am Oberlauf des Flusses Ottawa später unter dem Namen „Ottawa-Gneiss" bekannt wurde. Infolge späterer Untersuchungen in anderen Theilen

---

[1] Logan, Report of the Geol. Survey of Canada 1863, p. 45, und frühere Reports von 1845—1848.

[2] Logan, Rep. of the Geol. Surv. of Canada 1863, p. 839.

Canadas kam hingegen VENNOR zu der Ansicht, dass dort in
Wirklichkeit die höhere Abtheilung discordant auf dem unteren
Gneiss liege. Ob wir hier zwei verschiedene, nicht concor-
dante Complexe haben, ist noch nicht sicher festgestellt. Die
bisher gesammelten Thatsachen weisen indessen eher darauf
hin, dass die beiden verschieden sind.

Wir werden nun mit diesen Namen ("Grenville-Stufe"
und "Ottawa-Gneiss") in der vorliegenden Abhandlung die
beiden obigen Entwicklungen des Laurentian bezeichnen, und
es sei hier bemerkt, dass, ob concordant, ob discordant, vom
ökonomischen Standpunkte aus betrachtet, ein sehr merkbarer
Unterschied zwischen ihnen besteht. Die "Grenville-Stufe"
mit ihren krystallinen Kalken, Quarziten etc. führt Apatit,
Graphit, Eisenerze, Beiglanz und überhaupt alle bedeutenden
Mineral-Fundstätten des Laurentian, während der Ottawa-
Gneiss, soweit wir bisher wissen, keine praktisch verwerth-
baren Stoffe birgt.

In der Grenville-Stufe finden sich auch die frühesten
Spuren organischen Lebens auf unserem Planeten, da sich
nur durch organische Thätigkeit das zweifellose Vorhanden-
sein der grossen wie der kleinen Kalksteinlager erklären lässt,
welche so häufig mit dem Gneisse dieser Stufe wechsellagern.
Die Anwesenheit beträchtlicher Mengen von Graphit, der in
vielen dieser Kalksteine in feinvertheiltem Zustande vorkommt
und in vielen Fällen sich auch in den benachbarten Gneissen
findet, ist ein weiteres gewichtiges Zeugniss dafür. Viele von
den Kalksteinen gleichen genau solchen jüngeren Alters, wo
solche in dem Contact mit Eruptiv-Gesteinen metamorphosirt
sind. Der Kohlenstoff des Kalksteins krystallisirt in diesen
Fällen als Graphit und die thonigen Substanzen in Form
kleiner Glimmerblättchen und anderer Mineralien. Auch
Adern von Graphit kommen sehr sparsam in diesen laurentischen Kalksteinen vor; sie entsprechen den Adern und
Trümmern bituminöser und kohliger Substanz, welche man
als Ausfüllung von Sprüngen und Rissen in bituminösen und
kohlehaltigen Schichten jüngerer Formationen findet. Die
Hauptmenge des Graphits aber kommt, wie schon oben erwähnt, fein vertheilt in den Gesteinen vor. Auf die Anfüh-
rung des weiteren Beweismateriales nach dieser Richtung hin

müssen wir mit Rücksicht auf den zu Gebot stehenden Raum verzichten[1].

Es wurde indessen von den Geologen, welche zuerst über diese laurentischen Gesteine arbeiteten, beobachtet, dass zusammen mit den oben erwähnten Orthoklas-Gneissen etc. an vielen Orten ungeheure Massen eines Gesteins vorkommen, das hauptsächlich, ja oft sogar fast ausschliesslich aus einem triklinen Feldspath, einem Plagioklas, besteht. Man fand, dass an verschiedenen Orten die Structur und das Aussehen dieses Gesteins beträchtlich variire, indem es bald ganz massig, bald schiefrig ist, bald grob-, bald feinkörnig. Aber alle diese Varietäten hinsichtlich der Structur stimmen darin überein, dass sie eine durchaus gleichartige stoffliche Zusammensetzung haben.

Aus diesem Grunde wurden sie alle in eine Classe gebracht und „Anorthositfels" oder „Anorthosit" genannt, ein Name, der von „Anorthose" herkommt, einem Worte, das von DELESSE für die triklin krystallisirenden Feldspäthe vorgeschlagen wurde und gleichbedeutend ist mit dem nunmehr gewöhnlicher gebrauchten Wort „Plagioklas". Diese Bezeichnung soll somit den Unterschied gegenüber den vorherrschenden Orthoklasfeldspath-Gesteinen des übrigen Laurentian betonen. Das Wort „Anorthosit", welches oft missverstanden worden ist[2] infolge seiner vermeintlichen Ableitung von „Anorthit", einem hier selten vorkommenden Feldspath, fand allerdings bisher noch keinen Platz in den am weitesten verbreiteten Systemen zur Classification der Eruptivgesteine. Doch wird es seit langen Jahren in Canada gebraucht und soll auch hier zur Bezeichnung einer gewissen, wohlcharakterisirten Classe von Gesteinen angewandt werden, welche zur Familie der Gabbros gehören und am einen Ende der Reihe stehen, da sie durch das bedeutende Vorherrschen von Plagioklas und das starke Zurücktreten oder gar völlige Fehlen aller farbigen Gemengtheile ausgezeichnet sind. Ihre Stellung in der Familie der Gabbros entspricht gewissermaassen derjenigen der Pyroxenite am andern Ende der Reihe, bei denen

---

[1] STERRY HUNT, Chemical and Geological Essays, p. 227, und Sir WILLIAM DAWSON: „The Dawn of life" und viele andere Schriften.

[2] WICHMANN, Zeitschr. Deutsch. geol. Ges. 1884. p. 496.

der Pyroxen bei weitem vorherrscht und der Plagioklas nur in sehr geringen Mengen vorkommt, und derjenigen der Forellensteine, in denen Plagioklas und Olivin bei weitem vorherrschen, und der Pyroxen als wesentlicher Gemengtheil fehlt.

Sie bilden einen wohldefinirten Typus, welcher sowohl in Anbetracht seiner enormen Verbreitung als seines constanten Charakters eine selbständige Stellung einnimmt und an keiner andern Stelle passend eingereiht werden kann.

Diese Anorthosite wurden nun von den älteren Geologen in Canada in sehr weit von einander entfernten Theilen des Laurentian gefunden, wo sie bald in verhältnissmässig geringer Ausdehnung zu Tage treten, bald grosse Landstriche einnehmen. Durch spätere Untersuchungen sind noch viele weitere Gebiete nachgewiesen worden. Die einschlägige Litteratur ist sehr umfangreich, die Bibliographie umfasst ungefähr hundert Titel, aber die betreffenden Berichte sind meist nur kurz und gehen nicht in die Einzelheiten der Beschreibung ein.

Die Anorthosite wurden an folgenden Localitäten nachgewiesen.

Um bei der atlantischen Küste zu beginnen vgl. Karte auf Taf. XIX, so kennen wir ein Gebiet — und soweit es aus den Bemerkungen, die uns von mehreren Reisenden überliefert sind, zu ermitteln ist, gibt es dort wahrscheinlich mehrere — an der Ostküste von Labrador. Von dort kam der ursprüngliche „Labradorit", und von dort stammen die Handstücke dieses Minerals und des Hypersthens, welche den Weg in die mineralogischen Sammlungen der ganzen Welt gefunden haben. Ein anderer Fundort liegt am Südwestende der Insel Neu-Fundland. Weiter nach Westen am Nordufer des St. Lorenz erwähnt BAYFIELD das Vorkommen von Labradorit und Hypersthen an einem Punkte 15 Meilen östlich von der Insel St. Geneviève oder ungefähr 50 Meilen östlich von den Mingan-Inseln[1]. SELWYN[2] fand das Gestein an derselben Küste bei Sheldrake zwischen den Mingan-Inseln und dem Moisie-Flusse anstehend, und er-

---

[1] BAYFIELD, Notes on the Geology of the north Coast of the St. Lawrence. Trans. Geol. Soc. London. 2. Ser. Vol. V. 1833.

[2] SELWYN, Summary Report of the Operations of the Geological and Natural History Survey of Canada 1889, p. 4.

wähnt von hier das Vorkommen von schön opalisirendem
Labradorit. Ein sehr grosses Gebiet dieser Anorthosite
wurde von Hind[1] am Moisie-Flusse und seinem Arme, dem
Clearwater, gefunden. Dieses Gebiet muss eine beträchtliche
Ausdehnung haben, obwohl seine östlichen und westlichen
Grenzen noch nicht festgestellt sind. Hind berichtet, dass
der Clearwater durch eine 2000 Fuss tiefe Schlucht fliesst,
die in diese Gesteine eingeschnitten ist[2]. Ebenso stehen sie an
einer Reihe von Punkten am Nordufer des St. Lorenz zwischen
dem Moisie und der Mündung des Pentecost-Flusses an[3].
Dann kommt das wahrscheinlich ausgedehnteste von allen
Gebieten im Norden des Sees St. John und am Oberlaufe
des Saguenay, der aus diesem See entspringt und ihn mit
dem St. Lorenz verbindet, ungefähr 125 Meilen unterhalb
Quebec. Es hat eine unregelmässig längliche Form und der
Längsdurchmesser läuft parallel zum Ufer des St. Lorenz in
einem Abstande von ungefähr 80 Meilen. Andere Gebiete
finden sich in der Nähe der St. Pauls-Bucht am Lorenz-
strom[4], bei Château Richer unfern Quebec[5] und in dem District
zwischen dem letzteren Ort und dem See St. John[6]. In dem
laurentischen Landstrich, welcher nördlich vom St. Lorenz
zwischen Three Rivers und Montreal liegt, giebt es nicht
weniger als 11 Gebiete, meist von sehr geringer Ausdehnung,
von denen aber eines, das wir das Morin-Gebiet nennen wollen
und das ungefähr 25 Meilen nördlich von der Insel von Montreal liegt, einen Flächenraum von 990 Quadratmeilen einnimmt. Noch ein Vorkommniss wurde schon vor längerer
Zeit von Bigsby[7] an der Nordostküste des Huronsees entdeckt
und beschrieben und mehrere andere kleine, unbedeutende

[1] Hind, Exploration in the Interior of the Labrador-Peninsula. London 1863, ferner Ed. Cayley: „Up the River Moisie." Trans. Lit. a. Hist.
Soc. of Quebec. New Series Vol. V. 1862.
[2] Hind, Observations on the supposed Glacial Drift in the Labrador-
Peninsula etc. Q. J. G. S. Jan. 1864 u. Canadian Naturalist 1864, p. 302.
[3] Richardson, Rep. Geol. Survey of Canada 1866—1869.
[4] Geology of Canada 1863, p. 46.
[5] Geology of Canada 1863, p. 46.
[6] Low, Summary Rep. Geol. Surv. Canada 1890, p. 35.
[7] Bigsby, A List of Minerals and Organic Remains occurring in the
Canada. Am. Journ. of Science 1. Ser. 1824, p. 66.

Gebiete sind anderswo im Laurentian von Canada aufge-
zeichnet, verdienen aber keine weitere Erwähnung. Von be-
trächtlichem Umfange aber ist noch das Gebiet, welches sich
südlich, im Laurentian des Staates New York befindet[1].
Die stratigraphischen Beziehungen dieser Anorthosite zu
der Grenville- und Ottawa-Stufe sind bisher noch ein strittiger
Punkt. In den meisten Fällen sind sie schwierig zu bestimmen, weil die Orte, an denen diese Gesteine sich finden, zum
Theil nicht leicht zugänglich sind und das Land oft weit und
breit mit glacialen Ablagerungen oder mit Wald bedeckt ist.

Sir WILLIAM LOGAN[2], dessen Ansichten hauptsächlich aus
einer Untersuchung von Theilen des Morin-Gebietes erwuchsen,
meinte, dass sie wahrscheinlich einer jüngeren Sedimentformation angehörten, die discordant auf der Grenville-Stufe liegt
und die, obwohl hauptsächlich aus Anorthosit bestehend, doch
auch Einlagerungen von Orthoklas-Gneiss, Quarzit und Kalkstein enthalte.

Diese Meinung wurde anscheinend durch die Beobachtungen gestützt, die RICHARDSON am untern St. Lorenz über
diese Gesteine machte, und in dem Atlas, der den Bericht
der Geol. Landesanstalt von 1863 begleitete, trug LOGAN
diese Anorthosite nebst den mit ihnen vorkommenden Gneissen etc. als eine besondere höhere Stufe ein unter dem
Namen Ober-Laurentian.

STERRY HUNT glaubte, dass diese Gesteine identisch seien
mit den Noriten von ESMARK, und gab ihnen in Folge dessen
den Namen „Norian-Stufe" in Anspielung auf jenes Land[3].

Es sind bisher noch keine anderen eingehenden Studien
über die stratigraphischen Beziehungen dieser Gesteine in
irgend einem der Gebiete gemacht, aber wohl haben andere
Schriftsteller, die genauere Darlegungen ohne genauere Kenntniss gaben, behauptet, dass sie einen Schichtencomplex bilden,
welcher discordant auf der Grenville-Stufe liege.

---

[1] EMMONS, Report of the Geology in the second District of New
York 1842.

[2] LOGAN, Rep. Geol. Survey Canada 1863, p. 839.

[3] STERRY HUNT, Chemical and Geological Essays, p 279. Special
Report on the Trap Dykes and Azoic Rocks of S. E. Pennsylvania.
2. Geol. Surv. of Pennsylvanie 1878, p. 160.

Die Schichtfolge dieser Gesteine ist demnach nach Logan die folgende:

Norian-Stufe   = Ober-Laurentian
Grenville-Stufe = Obere Abtheilung ⎱ des Unter-
Ottawa-Gneiss = Untere Abtheilung ⎰ Laurentian.

Andere Beobachter glaubten indessen, dass die Anorthosite eruptiv seien, unter ihnen: Emmons[1], Selwyn[2], Packard[3].

Keine von den Untersuchungen, auf welchen diese Ansichten beruhten, besass jedoch die genügende räumliche Ausdehnung noch die hinreichende Genauigkeit, um die wirklichen Beziehungen der beiden Gesteinsreihen darzuthun, und die Frage blieb demgemäss unentschieden. Deswegen begann ich im Sommer 1883 im Auftrage von Herrn A. R. C. Selwyn, Director der Geologischen Landesanstalt von Canada, ein eingehendes Studium des Anorthositgebietes, das viele Jahre vorher von Richardson[4] in der Gegend des Sees St. John an den Quellwässern des Saguenay entdeckt war, und brachte den grösseren Theil von zwei Sommern damit zu, dieses Vorkommniss zu untersuchen und zu kartiren. Es zeigte sich allerdings, dass es eine viel grössere Ausdehnung hatte, als Richardson annahm, da es sich weit nach hinten in die Wälder des Nordens erstreckt durch einen Bezirk hin, der noch nicht vermessen und unerforscht ist und grösstentheils nur mit Hilfe von einigen schwer befahrbaren und reissenden Flüssen zugänglich ist, so dass eine sehr detaillirte Untersuchung sich als unmöglich erwies. Die südlichen, östlichen und westlichen Grenzen des Gebietes wurden jedoch kartirt und ein gutes Allgemeinbild von dem Charakter und den stratigraphischen Beziehungen gewonnen.

Es wurde daher für vortheilhafter befunden, ein kleineres, passender gelegenes Gebiet auszusuchen, um die Beziehungen dieser Gesteine bis ins Einzelne klarzulegen. Demgemäss fiel die Wahl auf das oben als Morin-Gebiet angeführte Areal, welches den Vortheil hatte, dass es meistens leicht zugänglich

[1] Emmons, loc. cit.
[2] Selwyn, Rep. Geol. Surv. Canada 1879—1880, 1877—1878.
[3] Packard, On the Glacial Phenomena of Labrador and Maine. Mem. Boston Acad. nat. hist. Vol. 1. part 2. p. 214.
[4] Richardson, Rep. Geol. Surv. Canada 1857, p. 71.

war und sich ferner noch deswegen empfahl, weil es das
Gebiet war, welches vorher Sir WILLIAM LOGAN untersucht
hatte, der gerade hierauf hauptsächlich seine Ansichten betreffs dieser sogen. oberlaurentischen Gesteine gründete. Es
wurde während vier Sommer ein sorgsames Studium dieses
Gebietes durchgeführt.

Auf der Untersuchung dieser beiden grossen Gebiete und
einiger Dutzend kleinerer, die sich in der Nähe des Morin-
Gebietes befinden, sowie auf einem sorgfältigen Studium der
ganzen einschlägigen Litteratur basirt die vorliegende Abhandlung.

II. Das Morin-Gebiet.

Stratigraphische Beziehungen.

Wie man bei Betrachtung der beigegebenen Karte sieht
(Taf. XX), besteht das Morin-Gebiet aus einer im Durchschnitt
fast kreisförmigen Masse von Anorthosit, von dessen Südost-
seite ein langer armartiger Ausläufer ausgeht. Diese Masse
hat 37 engl. Meilen im Durchmesser und einen Gesammt-
flächenraum von 990 engl. □Meilen. Es ist auf allen Seiten
von Gesteinen der Grenville-Stufe umgeben, mit Ausnahme
des Endes des erwähnten armartigen Ausläufers, welches sich
viel weiter nach Süden erstreckt als die übrige Masse und
dort durch viel jüngere Schichten von cambrischem Alter
(Potsdam und Calciferous) überdeckt und verhüllt wird.

Die Grenville-Stufe besteht, wie schon oben auseinander-
gesetzt wurde, aus Orthoklas-Gneiss in sehr mannigfaltiger
Ausbildung mit Zwischenschichten von Quarziten, Amphiboliten
und krystallinischen Kalken. Der Geiss ist gewöhnlich sehr
blättrig und an manchen Stellen des Gebietes vorzüglich geschichtet. Seine Schichten liegen in den östlichen Theilen
des Gebietes, soweit sie noch auf die Karte fallen, nahezu
flach; indem man aber nach Westen geht, findet man sie in
eine Reihe von Falten gelegt, bis sie endlich im Westen des
Gebietes sehr steil aufgerichtet sind. Auf dem ganzen Gebiete
streichen die Gesteine im allgemeinen nördlich. Krystallinische
Kalke mit den zugehörigen granathaltigen und rostig ver-
witternden Pyroxen-Gneissen treten an vielen Stellen auf.
Man sieht sie deutlich in dünnen Lagen als Zwischenschichten
in den flachliegenden Gneissen des östlichen Theils des Ge-

bietes, wenn man Durchschnitte durch diese beobachten kann,
wie z. B. an Klippen am Ufer der im Laurentian so häufigen
Seen, im westlichen Theile des Gebietes treten sie in Menge
an die Oberfläche, zufolge der angeführten Schichtenfaltung.
Die Verbreitung dieser Kalksteine ist auf der beigefügten
Karte (Taf. XX) dargestellt. Da sie viel weicher sind als der
begleitende Gneiss, so kommen sie fast stets in Boden-Ver-
tiefungen vor und werden demzufolge vielfach durch glaciale
Ablagerungen und durch dichten Wald so verdeckt, dass sie
sich schwer verfolgen lassen. Die Kalksteine setzen indessen
ebenso continuirlich fort wie die andern Glieder des Schicht-
complexes. Einzelne Lagen können auf viele Meilen verfolgt
werden, während gewisse Horizonte in dem Gneiss, in welchem
die Kalksteinschichten bald ganz rein, bald mehr oder weniger
verunreinigt durch verschiedene eingesprengte Mineralien und
dünne Gneissbänder eingelagert sind, soweit verfolgt werden
konnten, wie die Kartirung überhaupt reicht.

Es muss bei dieser Gelegenheit darauf hingewiesen werden,
dass viele Unregelmässigkeiten in der Form dem Umstande
zuzuschreiben sind, dass, wie jeder Beobachter feststellen
kann, die Kalke unter dem Einflusse der dynamischen Vor-
gänge, denen diese Gesteine unterlagen, in viel höherem
Maasse plastisch sind als die begleitenden Gesteine. Wenn
dünne Schichten von Gneiss in ihnen eingelagert sind, so
findet man den letzteren oft durch die Faltung der Gesteine
auseinandergerissen in wunderlich gekrümmte, unregelmässig
geformte, bandartige Bruchstücke, welche isolirt im Kalkstein
liegen, so dass ein Pseudoconglomerat entsteht. Die Thatsache, dass diese Kalksteine bisweilen in Risse des begleitenden Gneisses hineingepresst sind, veranlasste Emmons in seiner
alten Beschreibung des Staates New York zu der Ansicht, dass
sie eruptiven Ursprungs wären. Diese höhere Plasticität des
Kalksteins im Verhältniss zu andern Gesteinen ist bekanntlich
auch durch Versuche von mehreren Seiten nachgewiesen
worden. Da sie nun mit dem Gneiss wechsellagern, und also
seinem Streichen folgen, und da sie leichter erkennbar sind
als irgend eine der zahllosen Gneissvarietäten, so erkannte
Logan sofort, dass ein sorgfältiges Studium ihrer Verbreitung
Aufschlüsse geben müsse, um den Bau dieses oder jedes andern

laurentischen Gebietes, wo sie sich finden, zu entwirren, sowie, dass man durch Bestimmung ihrer Beziehungen zum
Anorthositfels sehr wichtige Aufschlüsse über die tektonische
Stellung des letzteren erhalten würde. Bei der Untersuchung
jenes Teiles des Gebietes, welcher westlich vom Anorthosit
liegt (denn er untersuchte nur diese Gegend) fand Logan,
dass zwei der Kalkschichten, eine im Südwesten und eine
höher hinauf an der Westseite des Gebietes, offenbar durch
den Morin-Anorthosit abgeschnitten wurden, und er betrachtete
daher den letzteren als eine jüngere Bildung, welche sie über-
lagerte. Er fügte aber hinzu, man könne, falls sich bei einer
Ausdehnung der Beobachtungen weiter nach Norden, als es
ihm möglich war, herausstellen sollte, dass zwei andere Kalklager, welche er bis nahe an die Grenze des Anorthosit verfolgt hatte, ebenfalls an ihm abschnitten, dies als einen
zwingenden Beweis für das Vorhandensein einer oberlaurentischen Stufe auffassen, die discordant auf der Grenville-Stufe
liege[1]. Eine sorgfältige Untersuchung dieser Nordwest-Ecke
des Gebietes, welche im letzten Sommer zusammen mit Herrn
Ells von der Geologischen Landesanstalt von Canada vorgenommen wurde, zeigte jedoch, dass die eine der vermutheten
Unterbrechungen in Wirklichkeit nicht vorhanden ist, und
dass die Drift-Bedeckung in dieser Gegend zu bedeutend ist,
als dass der Contact der andern Kalklager mit dem Anorthosit,
falls er existirt, beobachtet werden könnte. Eine sorgfältige
Wiederholung der Untersuchung des Contactes an der Süd-
westecke des Gebietes, in der Nähe des Dorfes St. Sauveur
lässt indessen nur wenig Zweifel daran übrig, dass der Kalk
wirklich von dem Anorthosit abgeschnitten wird. Der Kalk
erstreckt sich unter einer horizontalen Ebene hin und kommt
hier und da in sehr bedeutenden Aufschlüssen durch die bedeckende Drift hindurch zum Vorschein, während der Anorthosit sich aus dieser Ebene mit steiler Böschung oder klippen-
artig erhebt. Der Kalkstein steht bis 200 Yards vom Fusse
der Anorthositwand zu Tage, dann aber wird die bedeckende
Drift zu mächtig, als dass der Charakter des Contactes
selber festgestellt werden könnte. Sowohl weiter nach Osten

---

[1] Logan, Geology of Canada 1863, p. 839.

als auch nach Westen wird der begleitende Gneiss in ähnlicher Weise abgeschnitten.

An der Nordost-Seite des Anorthositgebietes fand sich überdies noch ein anderes Kalklager, welches den See Ouareau der Länge nach durchquerend, in demselben eine Kette von kleinen Inseln bildet und auch an der Südküste dieser Wasserfläche gut aufgeschlossen ist. Dieses Lager verschwindet an der Grenze des Anorthosits in ganz kurzem Abstande vom Südende des Sees und man findet nirgends mehr Spuren von ihm, bis es wieder in der Verlängerung eben dieses Streifens, im Gneiss eingelagert, an der Südost-Ecke des Anorthosit-Gebietes zum Vorschein kommt.

Diese Thatsachen zeigen im Einklang mit der ganzen Gestaltung und dem Charakter dieses Anorthosit-Gebietes, jetzt wo die Kartirung vollendet ist, dass er, wie LOGAN annahm, discordant zu der Grenville-Stufe, d. h. zum wirklichen Laurentian steht. Aber es lässt sich auch zeigen, dass diese Discordanz nicht durch Überlagerung, sondern durch Intrusion bewirkt ist. Der Anorthosit gehört nicht zu einer ungeheuren überlagernden Sedimentformation, wie man meinte, sondern ist eine grosse intrusive Masse, welche die Kalklager sammt den dazugehörigen Gneissen abschneidet, nicht aber überlagert.

Um zu verstehen, weswegen LOGAN und andere tüchtige Beobachter, die ihm beistimmten, diese Anorthosite als eine überlagernde Sedimentformation auffassten, muss man sich vergegenwärtigen — was wir übrigens auch des weiteren auseinandersetzen werden bei Betrachtung der Petrographie dieser Gesteine —, dass sie stellenweise eine mehr oder weniger schiefrige Structur zeigen. Besonders gilt dies von einigen Stellen nahe dem Contact mit dem Gneiss. Man sieht diese Structur am besten in dem oben erwähnten langen, armartigen Ausläufer an der Südost-Ecke des Gebietes, welcher, die Linie des geringsten Widerstandes einschlagend, in den Gneiss parallel zu dessen Schichtung eindringt und zugleich mit diesem durch das überlagernde Cambrium bedeckt wird. Ausserdem befindet sich bei St. Jérome ein kleines, isolirtes Vorkommniss eines mehr oder weniger deutlich geschieferten Anorthosit in den Gneiss eingeschaltet, und dieses hielt LOGAN, der aus Zeitmangel nicht das ganze Gebiet durchforschen konnte, für zugehörig zum grossen Morin-Gebict, dessen südliche Grenze sich hier in Wirklichkeit viele Meilen weiter nach Norden findet. Indem er nun von St. Jérome aus senkrecht zum Streichen der Gesteine bis nach New Glasgow fortging, das ungefähr 9 Meilen nach Osten liegt, kam er vom Gneiss über eingeschalteten Anorthosit hinweg, dann über Gneiss mit Quarziteinlagerungen und einem Kalklager bis zu dem obenerwähnten armartigen Ausläufer des Morin-Anorthosit, welcher eine Art Schieferung parallel zum Streichen des Gneisses zeigt, und dann noch einmal zu Gneiss. Irre geleitet durch dies Profil, welches hier sehr leicht täuscht, schloss er, dass das Ganze eine grosse Sedimentformation von Gneissen mit Zwischenschichten von Quarziten, Kalksteinen und Anorthositen sei, identisch mit derjenigen, welche im Norden die Kalklager abschnitt und also discordant auf der Grenville-Stufe lag.

Statt dessen haben wir in Wirklichkeit die Grenville-Stufe in allgemeiner Verbreitung durch das ganze Gebiet, nur unterbrochen von Anorthosit-Massen, die manchmal der Streichrichtung des Gneisses folgen und dann wie Einlagerungen erscheinen.

Obgleich an vielen Punkten der Grenze zwischen dem Anorthosit des Morin-Gebietes und dem Gneiss die beiden Gesteine sich berühren, ohne dass eine erkennbare Einwirkung auf den Gneiss statthat, so findet sich doch an einigen Stellen, zumal zwischen Shawbridge und Chertsey, ein dunkles, schweres und etwas massiges Gestein, reich an Bisilicaten und oft mit einem geringen Gehalt an Quarz und etwas ungestreiften Feldspath an der Grenze des Anorthosit und kann möglicherweise irgend eine Art Contactproduct sein. Die Grenze des typischen Anorthosit gegen dieses Gestein ist gewöhnlich ganz scharf, hingegen geht es selber ganz allmählich in den Gneiss des Districtes über, so dass es schwer wird zu entscheiden, ob man es mit einer besonderen und abnormen Abart des Gneiss zu thun hat oder mit einem Contactproduct des Gabbro. Augenscheinlich dasselbe Gestein oder wenigstens ein sehr ähnliches kommt in bedeutender Entwickelung an der Nordwest-Ecke des Gebietes zwischen dem typischen Anorthosit und dem Gneiss vor und scheint hier eher eine besondere

Abart des Gabbro zu sein, da es nahezu oder völlig massig
ist und manchmal deutliche Schlierenstructur zeigt. Es durchbricht den Gneiss, scheint hingegen mit dem Anorthosit eine
Masse zu bilden. Zusammenhängende Aufschlüsse von einem
Gestein zum andern, welche es ermöglichen würden, die Beziehungen festzustellen, sind noch nirgends gefunden, aber die
Verhältnisse sprechen dafür, dass es ein Theil der Anorthositmasse sei und nicht eine besondere Intrusion, obwohl der
Übergang ein ziemlich plötzlicher ist.

Das Anorthositmassiv wird an vielen Stellen von groben
Pegmatitgängen durchzogen. Diese sind besonders häufig
am Rande des Gebietes, wo sie sowohl den Gneiss als auch
den Anorthosit durchsetzen, und häufig konnte man bei der
Kartirung des Anorthosit die Annäherung an die Grenze aus
dem Auftreten zahlreicher derartiger Gänge muthmaassen.
Sie sind allerdings keineswegs ausschliesslich an den Saum
des Gebietes gebunden und kommen auch an gewissen Stellen
ziemlich im Centrum reichlich vor. Sie bestehen aus Quarz,
Orthoklas und oft etwas Eisenerz, und sind sonst ihrer
Zusammensetzung nach ganz verschieden und anscheinend
unabhängig von derjenigen des Anorthosit, den sie durchsetzen. Eine Anzahl anderer, wahrscheinlich gleichartiger
Vorkommnisse aus dem Bezirk Wexford zeigten dieselben
Bisilicate wie der Anorthosit, aber mit Quarz und Kali-Feld-
spath. Keines der seltenen Mineralien, die sich sonst wohl in
solchen Gängen einstellen, wurde hier beobachtet, mit Ausnahme einer orthitähnlichen Substanz in den Dünnschliffen
eines Handstückes.

An der Grenzlinie des Bezirks Wexford, in der Verlängerung der Streichrichtung der grossen Gneisszunge, welche
sich zwischen der Hauptmasse des Anorthosit und dem armartigen Ausläufer desselben einschiebt, sind mehrere grosse
Blöcke von Orthoklas-Gneiss in den Anorthosit eingeschlossen,
ein neuer Beweis für den eruptiven Charakter der grossen
Anorthositmasse, wenn es noch eines solchen bedürfte.

Sowohl der Anorthosit als auch der Gneiss, welchen er
durchbricht, werden von zahlreichen Gängen von Diabas und
Augit-Porphyrit durchschnitten.

Fassen wir noch einmal zusammen, so haben wir in

diesem Gebiet eine grosse intrusive Masse von Anorthosit, welche die Grenville-Stufe durchbricht, grosse Gneissblöcke einschliesst, Apophysen in die umgebenden Gesteine entsendet und an vielen Stellen, wie es scheint, von einem eigenartigen Contactproduct begleitet wird.

Zusammensetzung des Anorthosit von Morin.

Der Anorthosit dieses Gebietes zeigt freilich eine grosse Mannigfaltigkeit in Structur und Farbe, stellenweise sogar einen beträchtlichen Wechsel der Zusammensetzung, ist aber im wesentlichen der mineralogischen Zusammensetzung nach ein olivinfreier und sehr plagioklasreicher Gabbro oder Norit. Handstücke von ungefähr fünfzig verschiedenen Stellen in diesem Anorthositgebiet wurden geschliffen und mikroskopisch untersucht. Auf den hierbei erlangten Resultaten beruht die nachfolgende Beschreibung von der Zusammensetzung der Gesteine. Die Zahl der Mineralien, welche das Gestein bilden, ist nicht gross, indem die Verschiedenheiten in der Zusammensetzung hauptsächlich von der unregelmässigen Vertheilung derselben herrühren. Folgende Mineralien wurden bis jetzt in dem Gestein beobachtet:

Plagioklas	Muscovit und Paragonit	Epidot
Augit	Bastit	Zoisit
Hypersthen	Chlorit	Granat
Ilmenit	Quarz	Zirkon
Orthoklas?	Magnetit	Spinell
Hornblende	Apatit	
Biotit	Calcit	

Von diesen sind Plagioklas, Augit, Hypersthen und Ilmenit bei weitem die wichtigsten und können als die wesentlichen Gemengtheile des Gesteins betrachtet werden, während die andern in den meisten Fällen entweder accessorische Gemengtheile oder Zersetzungsproducte sind.

Plagioklas. Wie oben erwähnt, führte Hunt den Namen Anorthosit für diese Gesteine ein, in Anbetracht des sehr starken Vorwiegens von Plagioklas oder „Anorthose" in vielen Varietäten. Er hielt den bloss feldspathhaltigen Typus für den echten Anorthosit und schätzte, dass drei Viertel

der Anorthosite in dem Dominium nicht mehr als 5 % von
anderen Mineralien enthielten [1].

Wie die andern Gemengtheile des Gesteins, ist auch der
Plagioklas ganz frisch, zeigt nur sehr selten Spuren von Ver-
witterung und, wenn er nicht „gekörnelt“ ist („kataklastische“
Structur), so zeigt er in Handstücken fast ohne Ausnahme eine
dunkelviolette, seltener eine röthliche Farbe. In Dünnschliffen
ist diese Farbe noch deutlich sichtbar, obgleich natürlich
viel blasser, und man bemerkt, dass sie bedingt wird durch
die Gegenwart einer Unmenge winziger, undurchsichtiger,
schwarzer Stäbchen und äusserst winziger, undurchsichtiger,
schwarzer Punkte, die wie ein Nebel aussehen, der durch das
Mineral verbreitet ist. Die letzteren stellen wahrscheinlich
theilweise Querschnitte der Stäbchen vor, aber meistentheils
sind es runde oder schwach verlängerte Körperchen aus derselben Substanz wie die Stäbchen und kommen mit diesen
zusammen vor. VOGELSANG [2] schätzte in seiner Untersuchung
des Anorthosit von Labrador, dass diese Einschlüsse 1 % bis
3 % von dem Volumen des Minerals ausmachen, und geht so
weit, zu sagen: „Le nombre des microlites contenus dans un
volume déterminé est susceptible d'être apprécié avec plus
de précision; les résultats toutefois s'écarteront beaucoup entre
eux, suivant l'échantillon qu'on aura choisi et le point dans
lequel on l'aura examiné. Dans le labradorite violet figuré
le nombre de microlites s'élève au minimum à 10 000 par
millimètre cube; mais pour autres variétés jaunes et gris foncées
le calcul m'a donné un nombre au moins dix fois plus con-
sidérable, de sorte qu'il y avait ici, dans l'espace borné d'un
centimètre cube plus de cent millions de petits cristaux
étrangers.“ Die grösseren Stäbchen sind von einer Zone reinen
Feldspaths umgeben. Einige Einschlüsse sind mit einer röthlich-
braunen Farbe durchsichtig und gleichen dem Hämatit; diese
treten in winzigen Tafeln auf, die oft eine etwas verzerrte
hexagonale Begrenzung zeigen. Manchmal bemerkt man Ge-
bilde, die ganz den eben beschriebenen Stäbchen gleichen,
sich aber bei Anwendung einer sehr starken Vergrösserung

[1] J. STERRY HUNT, On Norite or Labradorite Rock. Am. Journ. of
Sc. Novbr. 1869.
[2] VOGELSANG, Archives Néerlandaises T. III. 1868.

als Hohlräume erkennen lassen, welche das dunkle Material
der Stäbchen stellenweise ausfüllt. Diese Einschlüsse sind
ziemlich gleichförmig durch die Feldspathindividuen vertheilt
und nicht auf bestimmte Stellen derselben beschränkt oder
an bestimmten Stellen reichlicher vorhanden, wie es bei dem
von G. H. WILLIAMS [1] oder dem von JUDD [2] beschriebenen Gabbro
der Fall ist. Winzige Flüssigkeitseinschlüsse, oft in kleinen
Reihen angeordnet, können häufig beobachtet werden und in
diesen bisweilen eine bewegliche Libelle. In ein oder zwei
Fällen wurden kleine Würfel in ihnen wahrgenommen und in
einem glaubte man eine doppelte Libelle sehen zu können.
An etwa zwei oder drei Localitäten enthielt der im übrigen
normale Feldspath nur wenig solche Einschlüsse und hatte
in Folge dessen eine nahezu weisse Farbe. Natur und Ursprung dieser dunklen Einschlüsse, die so häufig in den
Feldspäthen und andern Gemengtheilen des Gabbro an den
verschiedensten Stellen der Erde vorkommen, sind vielfach
erörtert worden.

Die Einschlüsse sind so winzig, dass sie nicht isolirt und
chemisch untersucht werden können, ihre Form ist nicht genügend scharf begrenzt und constant, dass man sie etwa
krystallographisch bestimmen könnte. Einige Forscher haben
sich bemüht, einen Anhaltspunkt über ihre Natur zu gewinnen,
indem sie die Veränderung dieser Körperchen bei Behandlung
mit concentrirten Säuren beobachteten. Aber die erlangten
Resultate widersprechen einander. JUDD (l. c.) fand, dass sie der
concentrirtesten Salzsäure widerstehen. VOGELSANG (l. c.) legte
ein kleines Stück Feldspath von der Pauls-Insel, Labrador, das sie enthielt, vier Tage lang in heisse Salzsäure. Er
fand, dass die Säure den Feldspath stark angegriffen hatte,
konnte aber keine Veränderung an den Nadeln beobachten,
abgesehen davon, dass sie ein wenig verblasst waren. HAGGE [3]
hingegen fand, dass in demselben Gestein von Labrador alle

---

[1] G. H. WILLIAMS, Gabbro and associated Hornblende Rocks in the
neighborhood of Baltimore, Md. Bull. U. S. Geol. Survey 28, p. 21.

[2] JUDD On the Gabbros, Dolerites and Basalts of Tertiary age in
Scotland and Ireland. Q. J. G. S. 1886, p. 82 u. anderswo.

[3] HAGGE, Mikroskopische Untersuchung über Gabbro und verwandte
Gesteine, S. 46. Kiel 1871.

braunen Blättchen sich auflösten, wenn er mit der Säure nur eine so kurze Zeit digerirte, dass die Feldspäthe sich noch nicht auflösen konnten. Er meint, dieselben wären wahrscheinlich Göthit.

Offenbar sind sie eine Eisenverbindung, und die eigenthümliche Farbe der durchsichtigen Individuen in Verbindung mit der Thatsache, dass sie, wie wir weiter unten sehen werden, unter gewissen Bedingungen sich zu kleinen Massen von Titaneisenerz anhäufen, brachte mich in Übereinstimmung mit der Ansicht von H. Rosenbusch zu der Meinung, dass sie meistentheils aus titanhaltigem Eisenerz oder Ilmenit bestehen. Die durchsichtigen haben die Form jenes Minerals, welches als „Titaneisenglimmer" bekannt ist, wie es Lattermann[1] mit Magnetit verwachsen in dem Nephelinit vom Katzenbuckl fand, auch glich die eigenthümliche Farbe dieses Minerals vollkommen derjenigen dieser Einschlüsse. Die abweichenden Resultate, welche die einzelnen Forscher betreffs der Löslichkeit dieser Einschlüsse erhielten, lassen sich vielleicht dadurch erklären, dass das Titaneisenerz in einigen Handstücken reicher an Titansäure sein dürfte als in andern.

Man muss sich bei dieser Gelegenheit vergegenwärtigen, dass Titaneisenerz ein Mineral ist, welches sich constant in diesen Gesteinen in Canada. oft in enormen Mengen, findet, in dem Maasse, dass es in Canada als besonders charakteristisch für sie betrachtet wird — während im eigentlichen Laurentian die Eisenerze in der überwiegenden Mehrzahl von Fällen keine Titansäure enthalten. Lacroix[2], der in gewissen norwegischen Gabbros ziemlich ähnliche Einschlüsse untersucht hat, die allerdings doppeltbrechend sind, meint, dass es Pyroxene seien, zumal sie sich manchmal aneinander zu grösseren Körnern zu gruppiren scheinen, die sich als zu dieser Species gehörig bestimmen lassen. „Les grains en question semblent avoir attiré à eux les particules pyroxèniques en suspension dans le feldspath et les avoir incorporées à leur masse." Es ist sehr wohl möglich, dass diese Einschlüsse, die man oft in Gabbro und verwandten Gesteinen sieht, aus den schwere-

[1] Lattermann in Rosenbusch, Mass. Gest., p. 786.
[2] Lacroix, Contributions à l'étude des Gneiss à Pyroxène, p. 141. Bull. Soc. Min. Fr. Avril 1889.

ren Mineralen des Gesteins bestehen, also in einigen Fällen
aus Pyroxen, in andern aus Eisenerz, die in dem ganzen
Magma fein vertheilt waren, während das Gestein krystallisirte
oder sich vielleicht auch während der Krystallisation aus den
einzelnen Gemengtheilen ausschied.

Ich verdanke Herrn JUDD eine kleine typische Samm-
lung von Schliffen der Gabbros und Peridotite vom nördlichen Schottland, welche er beschrieben hat und auf welche
sich hauptsächlich seine Theorie der „Schillerisation" gründet.
Eine Untersuchung derselben zeigte nirgends die besagten
eigenthümlichen Einschlüsse in dem Plagioklas so häufig und
so gut ausgebildet wie in den canadischen Anorthositen. Die
eigenartige Anordnung dieser Einschlüsse in den schottischen
Gesteinen nach Bruchlinien, Rissen etc., welche Herr
JUDD beschrieben hat und welche besonders seine Theorie
unterstützt, nach der sie secundären Ursprungs wären, bemerkt man in diesen canadischen Gesteinen nicht. Ihre Einschlüsse sind vielmehr dicht und ziemlich gleichmässig durch
die ganzen Feldspathindividuen vertheilt, gewöhnlich sogar
auch durch den Feldspath des ganzen Gesteins. Nur wenn
dieser den eigenthümlichen „gekörnelten" Charakter trägt,
verschwinden sie, wie oben erwähnt. Diese merkwürdige
Thatsache wird später noch einmal zur Sprache kommen.

Die gleichmässige Vertheilung dieser Einschlüsse beweist
nicht, dass es keine „Schillerisations"-Producte seien, denn
wenn das Gestein vollständig „schillerisirt" wird, so können
sich diese Producte ganz wohl gleichmässig in ihm verbreiten.
Es sei hier erwähnt, dass nur in wenigen Fällen in diesem
Morin-Gebiet der Plagioklas jenes Farbenspiel zeigt, welches
in Labrador und andernorts durch die Einschlüsse hervorgerufen wird.

Fast ausnahmslos sieht man am Plagioklas eine ausgezeichnete Zwillingsbildung, wobei oft neben den gewöhnlichen Zwillingslamellen nach dem Albitgesetz auch solche
nach dem Periklingesetz auftreten, welche die ersteren rechtwinklig durchkreuzen. Diese Zwillinge sind offenbar zuweilen
secundär und durch Druck hervorgebracht, sicher z. B., wenn
sie sich, wie es vorkommt, längs einer bestimmten Linie oder
auch eines Risses zeigen, oder wenn sie da auftreten, wo das

Plagioklas-Individuum tordirt ist. In den meisten Fällen sind sie jedoch primärer Natur. Häufig sieht man in Schliffen einige nicht verzwillingte Individuen von Plagioklas, der vermuthlich parallel zu ∞P∞ (010) getroffen wurde. Aber in einigen Handstücken ist ein sehr beträchtlicher Procentsatz der Feldspathe nicht verzwillingt, obgleich die betreffenden den übrigen Plagioklasen durchaus gleichen, welche ausgezeichnete Zwillingsbildung zeigen. Um festzustellen, ob in diesen Fällen wirklich zwei Feldspathe vorhanden wären, wurde eine Trennung durch Scheideflüssigkeiten vorgenommen, und zwar an dem Material von drei Handstücken aus verschiedenen Gegenden, in deren Schliffen diese nicht verzwillingten Feldspathe sich in beträchtlicher Menge vorfanden. Da nun aber in einer Lösung vom spec. Gew. 2,67 alle Gemengtheile untersanken, so können die nicht verzwillingten Krystalle nicht saurer sein als Labradorit, zu welchem auch die übrigen Feldspathe gehören. Ähnliche Vorkommnisse von nicht verzwillingtem Plagioklas finden sich häufig verzeichnet. HAWES [1], welcher einige derselben untersuchte, gibt eine Analyse [2] eines nicht verzwillingten Exemplars von typischem Labradorit von der St. Pauls-Insel und fügt hinzu: „Some of the anorthosites described by T. STERRY HUNT in the Geology of Canada, 1863 were proved by his analysis to be composed of pure labradorite and some sections of the same which he submitted to me for examination were found to be composed of a multitude of small grains none of which were twinned.“

Ausser den genannten Untersuchungen wurde auch noch eine Prüfung des deutlich verzwillingten Plagioklases von zwei andern Localitäten ausgeführt. Der eine war von einem typischen Handstücke des Anorthosit, der sich 5 Meilen nordwestlich von St. Adèle im Bezirk Morin findet. Sein spec. Gewicht lag zwischen 2,65 und 2,67, also hatte er die Zusammensetzung eines sauren Labradorit, was auch die Werthe der Auslöschungsschiefe bestätigten, die man an den kleinen Spaltstücken des durch die THOULET'sche Lösung abgetrennten Plagioklases maass. Die zweite Localität war das Dorf

---

[1] HAWES, On the determinations of feldspar in thin sections of Rocks. Proc. Nat. Mus. Washington 1881, p. 134.

[2] Siehe Tabelle der Analysen p. 494.

St. Adèle selbst, welches an der Ecke des Gebietes liegt. Hier
ist der Anorthosit porphyrisch ausgebildet mit grossen Plagio-
klas-Krystallen, die zuweilen nicht weniger als vier Zoll lang
werden. Diese hatten folgende Auslöschungsschiefen: auf
$\infty P\check{\infty}$ (010) $24\frac{1}{2}^0$ bis 26^0 auf OP (001) $= 6^0$. Eine Analyse
des bläulich opalisirenden Plagioklases aus dem Bezirk Morin
wird in der Tabelle der Analysen auf p. 494 mitgetheilt:
auch hier ist der Feldspath wiederum ein Labradorit.

Der Plagioklas des Anorthosit ist demnach an diesen
sechs verschiedenen Localitäten überall Labradorit, und es
ist aller Grund vorhanden zu der Ansicht, dass überhaupt
der Feldspath in dem ganzen Gebiet zu dieser Varietät gehört. Obwohl er im allgemeinen ganz frisch war, wurde doch
in einem oder zwei Fällen eine theilweise Zersetzung beobachtet, wobei er in eine Mischung von Calcit, Epidot, Zoisit
überging, wie wir bei Beschreibung dieser Mineralien sehen
werden.

Dieses Vorkommniss fand sich in dem Dorfe New Glasgow,
wo auch eine besondere Varietät des Gesteins von einem
saussuritischen Habitus beobachtet wurde. Dies war ein ganz
locales Vorkommen, welches mit den kleinen Quetschzonen,
die den Anorthosit hier durchziehen, in Zusammenhang steht.
In Dünnschliffen sieht man, dass diese Plagioklas-Varietät
(das Gestein besteht fast gänzlich aus diesem Material, abgesehen von einigen wenigen Körnern Eisenerz) eine eigenthümliche Veränderung erlitten hat. Das Zersetzungsproduct
ist ein Mineral von meist fasriger Structur, welches in Form
kleiner Flecken den Plagioklas durchzieht. Es hat den optischen Charakter eines Bastit oder Pseudophit, und der zer-
setzte Feldspath gleicht somit in einem gewissen Maasse dem
von BREITHAUPT als Pyknotrop von Waldheim in Sachsen beschriebenen. In einem andern Handstück desselben Gesteins
von New Glasgow ist der Feldspath in ein farbloses Mineral
umgewandelt, welches kleine federförmige Büschel bildet. Es
zeigt prächtige Polarisationsfarben und eine deutliche Spaltbarkeit, zu welcher die Auslöschungsrichtung parallel ist. So
weit diese Gesteine in Dünnschliffen untersucht werden können,
zeigt es alle optischen Eigenschaften des Muscovit. Es mag
wohl Paragonit sein, welcher ja vom Muscovit unter dem

Mikroskop nicht unterschieden werden kann. Denn einen Natronglimmer erwartet man doch als Zersetzungsproduct eines Plagioklases eher als den Muscovit. Augit. Dieser Gemengtheil ist, wenn man von einigen wenigen Ausnahmen absieht, in weit geringerer Menge vorhanden als der Plagioklas, doch ist er wohl im Ganzen der zweithäufigste. Nur der rhombische Pyroxen ist fast, wenn nicht gar ganz ebenso häufig. Er kommt in unregelmässig begrenzten Körnern von einer lichtgrünen Farbe vor, welche entweder gar keinen oder doch nur einen schwach bemerkbaren Pleochroismus zeigen mit Farben, die nur wenig vom Grün verschieden sind. An Schnitten, die der Basis nahezu parallel sind, sieht man die typischen beiden Spaltbarkeiten, die sich nahezu in rechten Winkeln schneiden und für den Pyroxen charakteristisch sind. Häufig werden sie noch von einer dritten vollkommeneren Spaltbarkeit gekreuzt, die parallel zu $\infty P \infty$ (100) ist, wie man aus ihrer Lage in Bezug auf die Ebene der optischen Axen schliessen muss. In der Prismenzone zeigt das Mineral Auslöschungsschiefen von 0^0 bis 45^0.

Als Einschlüsse im Pyroxen findet man, obwohl keineswegs beständig, so doch in vielen Schliffen, kleine braunschwarze Tafeln oder kleine schwarze Stäbchen, welche den oben beschriebenen Einschlüssen des Plagioklas sehr ähneln. Wo sie vorkommen, sind sie manchmal parallel zu $\infty P \infty$ (100) eingewachsen, in andern Fällen, statt im ganzen Individuum vertheilt zu sein, auf bestimmte Flecken beschränkt. Oft bemerkt man, dass der Augit um ein Eisenerzkorn herumgewachsen ist. Gewöhnlich ist er ganz frisch, in manchen Handstücken aber auch sehr zersetzt. Das Zersetzungsproduct besteht zuweilen aus einer feinkörnigen Mischung von Chlorit, einem rhomboëdrischen Carbonat, gelegentlich einige Quarzkörner dazwischen, und das Ganze gibt eine graue, fast undurchsichtige Masse. In andern Exemplaren ist der Augit in einen gelblichen Bastit umgewandelt, der dann nicht nur die ursprünglich vom Augit eingenommene Stelle ausfüllt, sondern auch in die kleinen Spaltrisse des Gesteins dringt und so Adern und Flecken auch in den Feldspathkörnern bildet. In noch andern Exemplaren ist er in ein serpentinartiges Mineral umgewandelt. Wenn sich beide Pyroxene

neben einander im Gestein vorfinden, so ist der Augit gewöhnlich mit dem rhombischen Pyroxen innig gemengt.

Rhombischer Pyroxen (Hypersthen?). — Dieses
Mineral, welches so oft mit Augit zusammen vorkommt, unter-
scheidet sich, soweit man es aus den Dünnschliffen beurtheilen
kann, von letzterem weder im Brechungsexponenten, noch in
der Doppelbrechung, noch in der Farbe wesentlich. Indessen
ist es stark pleochroitisch und zwar mit folgenden Farben:

a = roth, b = gelblichgrün, c = grün.

Die Absorption ist $a > b > c$, doch ist der Unterschied
zwischen a und b sehr klein.

Sein rhombischer Charakter wurde durch folgende Beobachtungen an einem Handstück von dem Bezirk Chilton
erwiesen, wo sich das Mineral in frischem Zustande und in
grösserer Menge als gewöhnlich vorfand. Schnitte nach der
Basis zeigen die beiden Spaltbarkeiten nach dem Prisma, die
sich nahezu rechtwinklig schneiden, das Merkmal der Pyroxene;
ausserdem sieht man noch eine dritte vollkommenere Schaar
von Spaltrissen, zu deren Richtung oft kleine schwarze Stäbchen parallel eingelagert sind. Da ihr ausserdem auch die
Auslöschungsrichtung parallel ist, so muss es eine Spaltbarkeit
nach einem Pinakoid sein. Im convergenten Licht sieht man
aus dem Basalschnitt eine Bissectrix austreten, aber nicht
eine optische Axe wie beim monoklinen Pyroxen. Wenn man
einen Schnitt hat, auf dem eine optische Axe austritt, so
bemerkt man, dass die erwähnte pinakoidale Spaltbarkeit der
Ebene der optischen Axen parallel ist. Das betreffende Pinakoid
ist also ∞P∞ d. h. die Abstumpfung des spitzen Prismenwinkels,
wie beim Diallag ∞P∞. An Schnitten, welche eine optische Axe
und nur eine Schaar Spaltrisse, zu deren Richtung die kleinen
Stäbchen parallel eingelagert sind, aufweisen, bemerkt man,
dass die Spaltbarkeit der Ebene der optischen Axe parallel ist.

In allen Schliffen, die das Mineral enthalten, findet man
viele Körner, die nur eine einzige gute Spaltbarkeit zeigen,
zu welcher die Auslöschungsrichtung parallel ist.

Im Allgemeinen ist es, wie der Augit, ganz frisch, in
einigen Schliffen zeigte es sich jedoch in Bastit umgewandelt
und in einigen andern in ein serpentinartiges Mineral. Bisweilen enthält es die obenerwähnten kleinen dunklen Täfel-

chen und Stäbchen, welchen man im Hypersthen so oft begegnet, vielfach aber ist es ganz ohne diese Einschlüsse. Es ist wirklich eine merkwürdige Thatsache, dass in diesen canadischen Gesteinen die Eisen-Magnesia-Mineralien nur wenig von diesen Einschlüssen enthalten, während doch der mit ihnen verbundene Feldspath von denselben gedrängt voll ist. Wir haben hier gerade das entgegengesetzte Verhältniss als bei den Gabbros vom schottischen Hochland und den mit ihnen verbundenen Gesteinen, die Prof. JUDD beschrieb.

Hornblende. Dieselbe kommt im Anorthosit von Morin nicht vor, abgesehen von sehr wenigen Stellen nahe am Contact mit dem Gneiss. Man findet sie dann stets in innigem Zusammenhang mit den Pyroxenen, und zwar in Form unregelmässig begrenzter Körner, gewöhnlich am Rande der „gekörnelten" Pyroxen-Massen. Im Allgemeinen tritt sie nur in sehr geringen Mengen auf. Gewöhnlich ist sie grün gefärbt, manchmal aber auch braun. Sie zeigt die Spaltbarkeiten, die kleine Auslöschungsschiefe und den charakteristischen Pleochroismus der Species. In einem Handstück aus der Nähe des Contactes am See L'Achigan wurde als Maximum der Auslöschungsschiefe 15° beobachtet und folgender Pleochroismus:

a = grünlichgelb, b = gelblichgrün, c = grün.

Die Absorption war $c > b > a$.

In einem andern Handstück ganz aus der Nähe der Contactfläche ungefähr 6 Meilen nördlich von New Glasgow fand sich auch braune Hornblende in geringen Mengen. Als grösste Auslöschungsschiefe wurde 18° beobachtet und der folgende Pleochroismus:

a = hellbräunlichgelb, b = tiefbraun, c = tiefbraun.

Die Absorption ist $c > b > a$.

Sie kommt ausserdem noch in dem eigenartigen Gestein vor, welches oben als Gabbro angeführt wurde und an einer Reihe von Stellen zwischen dem eigentlichen Anorthosit und dem Gneiss vorgefunden wird.

Biotit. Biotit trifft man niemals in beträchtlichen Mengen an, doch kommt er ziemlich häufig in sehr kleinem Maassstabe als accessorischer Gemengtheil des normalen Gabbro vor. Er findet sich gewöhnlich zusammen mit Eisenerzen oder

mit dem Hypersthen und zeigt die charakteristische braune ·
Farbe, starken Pleochroismus und gerade Auslöschung.

Muscovit oder Paragonit (siehe unter „Plagioklas").

Chlorit. Gelegentlich in kleinen Mengen als Zersetzungsproduct von Pyroxen oder Biotit.

Quarz. Es ist zweifelhaft, ob derselbe jemals im Anorthosit als primärer Gemengtheil vorkommt. In einem Handstück von der West-Seite des Flusses Achigan bei New Glasgow bemerkt man ihn in Form einiger ziemlich kleiner rund-
licher Körner, welche im Gestein zerstreut vorkommen und
den Eindruck eines primären Gemengtheils machen. Aber
das Gestein ist recht sehr zersetzt und es kommt zweifellos
auch secundärer Quarz darin vor, als Zersetzungsproduct von
Pyroxen, und somit mag auch wohl der Quarz, der auf den
ersten Blick primär zu sein scheint, in Wirklichkeit secundären
Ursprungs sein.

In dem Gabbro, welcher, wie oben angeführt, zwischen
dem typischen Anorthosit und dem Gneiss an vielen Orten
vorkommt, ist der Quarz allerdings oft ganz häufig. Gerade
in diesem Gestein aber deuten viele Thatsachen auf den
secundären Ursprung des Quarzes hin. Er kommt z. B. oft
in mehr oder weniger scharf begrenzten Adern von grossen
Individuen vor. Tritt er in Form einzelner unregelmässiger
Körner auf, so löschen gerade diese, obwohl sie oft mehr oder
weniger rissig sind, häufig vollständig einheitlich aus und sind
keineswegs so sehr zerbrochen, als man in Anbetracht der
äusserst klastischen Beschaffenheit des mit vorkommenden
Feldspaths und der andern Gemengtheile des Gesteins meinen
sollte, wenn er primärer Gemengtheil wäre.

Ilmenit und Magnetit. Einige Körner eines un-
durchsichtigen schwarzen Eisenerzes von unregelmässiger
Form sieht man fast in jedem Schliffe des Anorthosit. In
der Regel ist die Zahl derselben sehr klein, nur an einigen
wenigen Orten wird die Menge des Eisenerzes sehr beträchtlich und, da dann der Pyroxengehalt in demselben Verhältniss
zunimmt, so nimmt das Gestein hier eine sehr dunkle Farbe
an, so dass es oft für ein Eisenerz angesehen wird. Diese
eisenerzreichen Partien des Anorthosit sind aber nur wenig
vorhanden und local, sie gehen in den normalen Gabbro des

Gebietes über, welcher, wie oben erwähnt, sehr arm an Eisenerzen ist.

Wenn man die Körner im reflectirten Licht betrachtet,
so sieht man, dass sie dunkel sind und in einigen Fällen kann
man auch beobachten, dass sie theilweise in ein graues Zersetzungsproduct umgewandelt sind, offenbar eine Abart des
Leukoxen. Es beweist dieser Umstand, dass das Mineral
Titansäure in beträchtlicher Menge enthält.

An drei Handstücken von weit auseinander liegenden
Stellen des Gebietes wurde deutlich eine Verwachsung von
zwei Eisenerzen beobachtet. In dem einen Handstücke, welches
von dem Bezirk Wexford Range I lot 7 stammt, einer von
den obenerwähnten Localitäten, wo der Anorthosit reich an
Eisenerzen ist, sah man bei sorgfältiger Untersuchung der
Dünnschliffe in reflectirtem Licht, dass das Eisenerz zum
Theil in einer blauschwarzen, grobkörnigen Varietät, zum
Theil auch in einer bräunlich schwarzen feinkörnigen auftritt,
welche beide unregelmässig mit einander verwachsen sind und
sich nur im reflectirten Licht unterscheiden lassen.

Wenn man den Schliff auf dem Wasserbad mit warmer
concentrirter Salzsäure ungefähr eine halbe Stunde lang behandelte, so löste sich die grobkörnige Varietät gänzlich auf,
und die Säure färbte sich stark durch das Eisen, während
die feinkörnige Varietät anscheinend gar nicht angegriffen
wurde. Wir haben hier offenbar eine Verwachsung von
Magnetit mit Ilmenit oder wenigstens mit einem titanhaltigen
Eisenerz.

In einem zweiten Handstücke (aus der Nähe des Sees
Ouareau) finden wir eine ähnliche Verwachsung; die Körner
haben hier im reflectirten Licht ein gestreiftes Aussehen,
da die eine Varietät die Körner der andern in einer einfachen
oder doppelten Schaar von unterbrochenen Leisten durchquert.
Wenn der Schliff mit concentrirter Salzsäure 48 Stunden lang in
der Kälte behandelt wurde, so zeigte sich keine Veränderung,
behandelte man aber im Wasserbade mit warmer concentrirter
Säure, so wurde die eine Varietät des Eisenerzes weggelöst,
wie vorher, und die andere blieb auch wiederum ungelöst.
Es liegt hier wahrscheinlich eine Verwachsung nach einer
Oktaёder bezw. einer Rhomboёderfläche vor. Eine ähnliche

Verwachsung kennt man z. B. beim Eisenerz des Nephelinit vom
Katzenbuckel, abgesehen davon, dass dort das Titaneisenerz
in Form von Titaneisenglimmer auftritt, statt in der derben, un-
durchsichtigen Varietät[1] wie in den besprochenen Gesteinen.
Man hat in Canada stets die Erfahrung gemacht, dass
die grossen Eisenerzlager in diesen Anorthositgesteinen so
viel Titansäure führen, dass sie nicht ausgebeutet werden
können. Um festzustellen, ob das Eisenerz, welches in dem
ganzen Gestein in kleinen Körnern verbreitet ist, auch so
reich an diesem Bestandtheil ist, wurde das Eisenerz aus drei
Handstücken des Anorthosit von verschiedenen Stellen des
Gebietes ausgeschieden und auf Titansäure geprüft. Jedes-
mal wurde das Mineral nur sehr schwach vom Magneten
angezogen und gab eine kräftige Titanreaction.
Zwei Stufen von Eisenerz, welche von den Pegmatitadern
stammten, die Anorthosit und Gneiss am Contact der beiden
Formationen, westlich von St. Faustin, durchziehen und demnach nicht zum Anorthosit gehören, zeigten starken Magnetis-
mus und gaben nur eine schwache Reaction auf TiO_2. Das
Eisenerzlager ein wenig westlich von St. Jérôme im Orthoklas-
gneiss besteht sogar nur aus Magnetit und enthält gar keine
Titansäure. Wir finden somit, dass diese Untersuchungen die
erwähnte technische Erfahrung bestätigen, dass nämlich das
Eisen des Anorthosit sehr titanhaltig ist, während das der
laurentischen Geisse gewöhnlich keine bemerkenswerthen
Mengen von Titansäure enthält.

Pyrit. Einige kleine Körner von Pyrit wurden häufig
in den Schliffen des Anorthosit gefunden. Sie treten gewöhnlich in Gesellschaft der Eisenerze auf.

Apatit bemerkte man nur selten im Anorthosit. Wo
er sich fand, trat er in mehr oder weniger gerundeten Körnern
auf. Häufiger kommt er in den eisenerzreichen Varietäten
von dem Bezirk Wexford und andern Localitäten vor.

Calcit wurde nur in zwei Handstücken des Anorthosit
gefunden. Das eine war frisch und enthielt ein wenig Calcit
im ganzen Stück vertheilt, derselbe könnte möglicherweise ein
primärer Gemengtheil sein. Das andere stammt von New

_____
[1] LATTERMANN in ROSENBUSCH, Physiogr. d. massigen Gesteine, p. 786.

Glasgow, wo der Calcit als Zersetzungsproduct des Plagioklas zusammen mit Zoisit, Epidot etc. ein trübes, feinkörniges Gemenge liefert. Epidot. Die einzige Localität, wo der Epidot vorkommt, befindet sich ebenfalls bei dem Dorfe New Glasgow. Man findet ihn in mehreren Schliffen des Anorthosit von diesem Fundort zusammen mit Chlorit und Quarz als Zersetzungsproduct des Pyroxen und, wie oben erwähnt, mit Calcit und Zoisit als Zersetzungsproduct des Plagioklas. An ein oder zwei Stellen durchquert er auch in kleinen Schnüren die Aufschlüsse des Anorthosit und deutet kleine Verwerfungsklüfte an, da die Schieferung des Gesteins und kleine Adern an diesen Schnüren unterbrochen und verschoben sind. Überall ist der Epidot secundär.

Granat kommt nicht als Gemengtheil des normalen Anorthosit vor, findet sich aber häufig in der Nähe des Contactes mit dem Gneiss der Umgebung. Er hat eine roseurothe Farbe, und man bemerkt ihn unter dem Mikroskop in kleinen unregelmässigen Massen, welche häufig mit den Eisenerzkörnern vermengt sind, oder diese ganz umschliessen. Er ist isotrop, gewöhnlich klar und ohne Einschlüsse. In den Schliffen der eisenerzreichen Varietät des Anorthosit vom Bezirk Wexford, Range I, lot 7 (und den andern oben angeführten Fundorten) findet man einen blassrosafarbigen Granat, welcher einen schmalen Gürtel von gleichmässiger Breite um jedes Korn von Eisenerz oder Pyroxen da bildet, wo dieses sonst mit dem Plagioklas zusammenstossen würde. Zwischen Pyroxen und Eisenerz ist hingegen gar kein Granat. Er ist völlig isotrop und ist vom Eisenerz oder Pyroxen aus in den Feldspath hineingewachsen, gegen welchen er sich scharf krystallographisch abgrenzt. Diese Zonen von Granat sind analog den Zonen von Aktinolith und Hypersthen um den Olivin des Anorthosit vom Saguenay-Fluss, von denen weiter unten die Rede sein wird, welche auch bei Olivingabbros von vielen andern Fundorten beschrieben sind.

Zirkon findet man ebenfalls im normalen Anorthosit nicht, doch kommt er gelegentlich in diesem Gestein nahe am Contact mit dem Gneiss vor. Man findet ihn nur in geringen Mengen und zwar speciell in dem eigenartigen Contact-

gestein, welches, wie oben erwähnt, an einigen Stellen zwischen
Anorthosit und Gneiss auftritt. In diesem wurde er an mehreren Localitäten beobachtet. Er bildet gedrungene Prismen
stets mit mehr oder weniger abgerundeter Begrenzung, welche
als Kennzeichen die gerade Auslöschung, den hohen Brechungsexponenten und die starke Doppelbrechung zeigen.

Spinell wurde nur in einem Handstück beobachtet. Er
bildete kleine, rundliche, isotrope Körner von tiefgrüner Farbe,
als Einschlüsse im Plagioklas und Pyroxen.

Die Structur des Anorthosit von Morin und ein Vergleich
derselben mit der Structur gewisser Gesteine von andern
Fundorten.

Wenn man sich eine grosse glatte verwitterte Oberfläche von Anorthosit ansieht, wie sie sich an den „Roches
Moutonnées" überall im Morin-Gebiet finden (wir lassen für den
Augenblick den armartigen Fortsatz und den angrenzenden
Theil des Gebietes ausser Betracht), so bemerkt man, dass
das Gestein, welches grobkörnig und von einer tief violetten
Farbe ist, nicht die regelmässige Structur hat, die man am
typischen Granit findet, sondern eine mehr oder weniger unregelmässige Structur aufweist. Manchmal bemerkt man dies
kaum, ein andermal ist es aber sehr deutlich und die Ursache
liegt darin, dass die Bisilicate und Eisenerze an gewissen
Stelle nim Gestein reichlicher auftreten als an andern. Die an
Bisilicaten reicheren Partien bilden entweder sehr grosse,
unregelmässig begrenzte Flecken, die sich hier und da zeigen,
oder eine Anzahl kleiner Flecken, die dann an einigen Stellen
eines Gesteins in Menge vorkommen, während sie anderswo
wiederum ganz fehlen. Manchmal sind die farbigen Gemengtheile so angeordnet, dass sie statt Flecken unregelmässige,
wellige Streifen bilden, deren Richtung bisweilen in einem
Aufschluss gleichmässig genug ist, um eine Art Streichrichtung
des Gesteins zu markiren; in andern Fällen sind sie freilich
zu unregelmässig, um eine vorwiegende Richtung erkennen
zu lassen. Zwischen diesen an Bisilicaten verhältnissmässig
reichen Flecken oder Streifen und nur undeutlich gegen diese
abgegrenzt befindet sich die Hauptmasse des Gesteins. Diese
enthält nur sehr wenige, oft sogar gar keine Bisilicate, und

in ihr liegen, oft an bestimmten Stellen oder in bestimmten
Richtungen angehäuft, grosse zerbrochene Krystalle von Plagioklas. Bald in engem Zusammenhang mit dieser ungleichen
Vertheilung der Gemengtheile des Gesteins, bald auch ganz
unabhängig davon findet man überdies locale Änderungen in
der Korngrösse desselben, ebenfalls in flecken- oder streifen-
artiger Anordnung. Die
beigefügte Zeichnung nach
einer Photographie gibt
das Bild einer verwitter-
ten Oberfläche von einer
Varietät, die ungewöhn-
lich reich an farbigen Gemengtheilen ist (s. Fig. 1).
Eine unregelmässige Structur, hervorgerufen durch

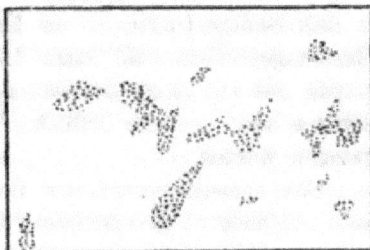

Fig. 1.

eine oder mehrere der angeführten Ursachen, zeigen mehr
oder weniger ausgeprägt die Gesteine aller Anorthositgebiete,
die ich durchforscht habe; sie ist aber keine besondere Eigen-
thümlichkeit derselben, da man sie sehr häufig an vielen
Gabbros und den mit ihnen zusammenhängenden basischen
plutonischen Gesteinen von weit auseinander den Gebieten
beobachtet hat.

So sagt z. B. G. H. WILLIAMS in seiner Abhandlung
„The Gabbros and Associated Hornblende Rocks occurring in
the Neighborhood of Baltimore, Md."[1] auf S. 25: „The most
striking feature in the texture of the unaltered Gabbro is
the repeated and abrupt change in the coarseness of the grain
which is seen at some localities. It was undoubtely caused
by some irregularity in the cooling of the original magma
from a molten state, for which it is now difficult to find a
satisfactory explanation. The coarsest grained varieties of
the Baltimore gabbro occur in the neighbourhood of Wether-
ville and there these sudden changes in texture are most
apparent. Irregular patches of the coarsest kinds lie imbedded
in those of the finest grain without any regard to order. In
other cases a more or less pronounced banded structure is

---

[1] G. H. WILLIAMS, Bulletin, 28, U. S. Geol. Survey.

produced by an alternation of layers of different grains or by
such as have one constituent developed more abundantly than
the others. Such bands are not however parallel but vary
considerably in direction and show a tendency to merge into
one another as though they had been produced by a motion
in a liquid or plastic mass."

Ähnliche sehr grobkörnige Partien bemerkt man bisweilen
in dem Gabbro-Diorit, der im Kühlengrund bei Eberstadt in
Hessen gebrochen wird, einem Gestein, das sonst vollständig
massig und von recht gleichmässiger Korngrösse ist. Und so
könnten noch weitere ähnliche Vorkommnisse leicht heran-
gezogen werden.

Das bemerkenswertheste Beispiel, welches ich gesehen
habe, ist dadurch besonders werthvoll, dass es den Übergang
von einem vollständig normalen massigen Gestein durch eines
mit diesen echt grobkörnigen Partien bis zu einem solchen
mit unvollkommener Bänderung zeigt, wie man sie im Morin-
Gebiet trifft. Dasselbe findet sich im Saguenay-Anorthosit-
Gebiet längs des Flusses Shipshaw, der vom Norden kommend
ungefähr sieben Meilen oberhalb Chicoutimi in den Saguenay
mündet.

Längs dieses Stromes sieht man in vielfacher Wiederholung gewaltige, glattflächige Aufschlüsse von „Roches Moutonnées" aus Anorthosit, der durch die Atmosphärilien ober-
flächlich angeätzt ist und dessen Pflanzendecke durch Wald-
brände vollständig entfernt wurde. So sind die vorzüglichsten
Aufschlüsse zu Stande gekommen, an denen man sehr vor-
theilhaft die Structur des Gesteins studiren kann. Die Reihe
der besprochenen Aufschlüsse wird im Norden durch einen
kolossalen Gang von Gabbro begrenzt, der ungefähr eine
halbe Meile breit ist und den Anorthosit hier durchquert, von
dem er Bruchstücke einschliesst. Die Aufschlüsse ziehen sich
über eine Strecke von acht Meilen in gerader Linie den
Shipshaw-Fluss hinunter bis zu einem Punkte, der noch drei
Meilen von seiner Einmündung in den Saguenay entfernt ist.

An dem ersten der erwähnten Punkte ist das Gestein
grobkörnig und über die ganzen grossen Aufschlüsse hin durchaus massig und von gleichmässiger Ausbildung. So geht es
etwa eine halbe Meile weit, dann treten undeutlich begrenzte

Flecken auf, die sehr grosskörnig genannt werden müssen. In diesen grosskörnigen Partien haben die einzelnen Individuen eine Grösse von einem Zoll oder mehr, während sie in dem übrigen Gestein viel kleiner sind. Beide zeigen sehr deutlich eine ophitische oder Diabas-Structur, d. h. der Plagioklas bildet Leisten, deren Zwischenräume durch den Augit ausgefüllt sind. Diese Structur hält über reichlich vier Meilen an, stellenweise mit einer neu hinzutretenden Ungleichmässigkeit, die in einem local starken Schwanken in den Mengenverhältnissen gewisser Gemengtheile besteht. Es gibt nämlich ansehnliche Aufschlüsse, wo das ganze Gestein lediglich aus Plagioklas besteht, während sich an andern Stellen viel Diallag in Massen von einem Durchmesser bis zu 1½ Fuss findet. Und so trifft man oft auf grosse Massen von fast reinem Plagioklas oder Diallag in dem normalen Gestein.

Nach einem Zwischenraum von einer Meile, wo Anstehendes fehlt, kommt man zu einer andern Gruppe von Aufschlüssen,. die eine Meile lang ist, mit wohl entwickelter, ophitischer Structur wie vorhin, nur dass das Gestein unregelmässig gestreift oder gebändert ist. Dies rührt daher, dass die oben beschriebenen Ungleichmässigkeiten im Korn und in der Zusammensetzung sich nicht mehr als Flecken zeigen, sondern als lange wellige Streifen, in welche jene ausgezogen sind, wie es G. H. WILLIAMS an der S. 449 citirten Stelle beschreibt. — Wie man nun weiter stromabwärts schreitet, nehmen diese Streifen nach und nach eine ungefähr parallele Lage an, wodurch dann das Gestein eine bestimmbare Streichrichtung bekommt, während zugleich die ophitische Structur allmählich verschwindet. Wir haben hier also einen Fall vor uns, wo ein zweifellos eruptives Gestein mit völlig massiger, wohl entwickelter ophitischer Structur allmählich in ein gestreiftes übergeht. Dabei wird die gebänderte Structur durch bedeutende Änderungen, nicht nur in der Korngrösse, sondern auch in dem Mengenverhältniss der Bestandtheile herbeigeführt.

Diese grobe Bänderung, welche an manchen Stellen gewisser Anorthositgebiete eine gemeine Structur ist, fasste man früher als die Andeutung einer unvollkommenen Schichtung auf. Aus dem obigen aber leuchtet ein, dass sie sich, wahr-

scheinlich durch Bewegung, in einem Eruptivgestein von regellos körniger Normalstructur gebildet hat.

Die nächste Frage, welche sich uns aufdrängt, ist die,
ob diese Structur durch eine Bewegung entstand, bevor das
Gestein ganz auskrystallisirt war, oder ob nach der Erstarrung. An dem oben beschriebenen Aufschluss wurden durch
wiederholtes sorgfältiges Studium im Felde Thatsachen aufgefunden, die auf eine Bewegung während des feuerflüssigen
Zustandes hindeuten. Die Ungleichmässigkeit in der Korngrösse ist primär und sicher nicht durch Druck hervorgerufen;
die Streifen oder unregelmässigen Bänder nehmen nicht von
vorne herein eine bestimmte Richtung an, sondern winden
sich zuerst herum, wie wenn die Masse im zähflüssigen Zustande sich bewegt hätte, und werden erst dann mehr gleich
gerichtet, wenn ein Grund dafür da ist, dass die Strömung
sich auf eine bestimmte Richtung beschränken musste.

Bietet unsere Ansicht für diese Thatsachen schon die
wahrscheinlichste Erklärung. so wird sie noch unterstützt
durch die Abwesenheit von ʹ   und Bruchlinien, und, soweit
sich nach einer sorgfältigen   kroskopischen Untersuchung
beurtheilen lässt, auch durch das Fehlen der Mineralien, die
sich sonst in gequetschten Gesteinen an solchen Linien finden.
Es war kein deutliches Zeichen einer dynamischen Wirkung
zu bemerken.

Ähnliche gestreifte und gebänderte Structuren findet man
auch anderswo in gewissen basischen Intrusivmassen, welche
sicher keinen Druck erlitten haben, z. B. im Theralith vom
Mount Royal, an dessen Fuss die Stadt Montreal liegt. Dieser
Theralith durchbricht die hier flachliegenden silurischen Kalksteine der Trenton-Stufe und bildet wahrscheinlich den Kern
eines alten palaeozoischen Vulcans.

Obwohl man also nicht behaupten darf, dass die streifige
und unregelmässig gebänderte Structur, die sich so oft in
den verschiedensten basischen Tiefengesteinen findet, niemals
durch dynamische Wirkungen hervorgebracht werden könne,
so lässt sich doch feststellen, dass sie manchmal von Bewegungen der Masse vor der Erstarrung herrührt. Thatsächlich wird der Vorgang wahrscheinlich im Allgemeinen
dieser Art gewesen sein, aber nur in verhältnissmässig wenigen

Fällen findet man die Gesteine in einer Lage, welche die Annahme völlig ausschliesst, dass die Structur nachträglich durch
dynamische Wirkungen hervorgerufen sein solle. Es sei hier
auch bemerkt, dass man für die plötzlichen Änderungen der
Korngrösse, die man so oft in Gabbros und verwandten Gesteinen beobachtet, keinen einleuchtenden Grund anzugeben
vermag. Sie können schwerlich durch ungleichmässige Ab-
kühlung erklärt werden, da die Temperatur in unmittelbar
sich berührenden Theilen des Magmas in Praxi ziemlich dieselbe gewesen sein muss. Vielleicht könnte man die Ursache
in der an gewissen Stellen stärkeren Durchfeuchtung des
Gesteinsmagmas suchen. Aber dann muss man auf die vielfach gemachte Annahme verzichten, dass auf die krystalline

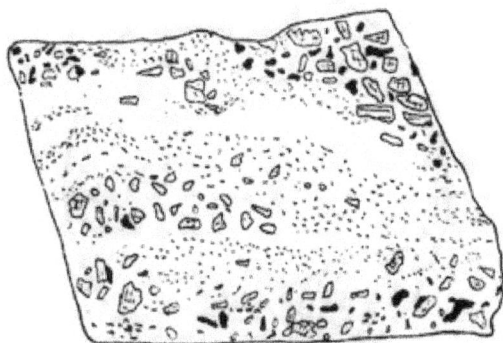

Fig. 2.

Entwickelung der basischen Gesteinsmagmen die Anwesenheit
von „agents minéralisateurs" geringeren Einfluss übe, als auf
die der sauren, bei denen doch eine solche Änderung der Korngrösse in einem solchen Maasse gewöhnlich nicht vorkommt.
Allerdings sieht man bei einer sorgfältigen Untersuchung
der Anorthositfelse vom Moringebiet neben der streifigen unregelmässig gebänderten Beschaffenheit meistens, vielleicht
sogar stets eigenthümliche Zerbrechungen oder eine Art Körnelung in den Gesteinsgemengtheilen. Diese Structur bemerkt
man zumal oft sehr schön auf den grossen Verwitterungs-
flächen. Die beigefügte Skizze eines Aufschlusses bei dem
Dorfe St. Marguérite zeigt die Erscheinung auf einer solchen
(s. Fig. 2). Hier ist die Bänderung noch deutlich, aber fast

in allen Theilen des Gebietes hat das Gestein selbst da, wo
keine Streifung sichtbar ist, die eigenthümliche Breccien-
Structur. Bruchstücke von Plagioklas und andern Gemengtheilen liegen in einer Art Grundmasse, die aus kleineren
Körnern besteht. Die einsprenglingsartigen Individuen sind
nur in einigen wenigen Fällen idiomorphe Plagioklase, vielmehr sind sie fast beständig allotriomorphe Bruchstücke solcher.
An einigen Stellen setzen diese Krystallfragmente das Gestein
grösstentheils zusammen, anderswo wiederum sind sie sehr
spärlich. Die grösseren Individuen kann man oft so zu sagen
im Moment des Zerbrechens beobachten, wo dann die Bruch-
theile nur sehr wenig gegen einander verrückt sind.

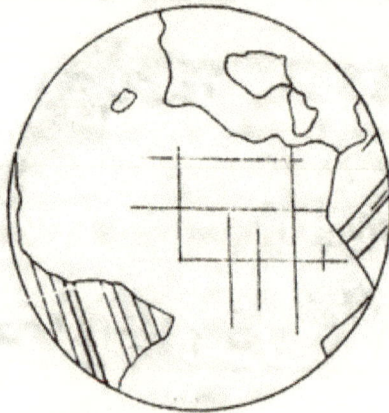

Fig. 3.

Bei mikroskopischer Untersuchung wird man schwerlich
ein Handstück einer grobkörnigen Varietät aus irgend einem
Theile des Gebietes treffen, welches nicht bis zu einem ge-
wissen Grade eine klastische Structur zeigte und beim
Studium einer grösseren Anzahl von Handstücken kann man
Schritt für Schritt den Übergang verfolgen von einem Gestein,
welches keine kataklastische Structur wahrnehmen lässt, bis zu
solchem, welches fast nur aus einer Masse von zerbrochenen
Körnern besteht, denen kaum noch Spuren der ursprüng-
lichen Individuen in erkennbarer Erhaltung beigemengt sind.
Fig. 3, 4 und 5 sind nach Mikrophotographien von
Schliffen ausgeführt, welche aus drei verschiedenen Theilen des

Gebiet ι entnommen wurden; sie zeigen den Fortschritt der
Zerbröckelung, wie man ihn unter dem Mikroskop wahrnimmt.
Eine sehr merkwürdige Thatsache, welche schon bei Be-

Fig. 4.

sprechung der Zusammensetzung dieser Anorthosite angeführt
wurde, ist, dass die grossen Krystallbruchstücke eine tief
violette Farbe haben, während das zerbrochene Material weiss

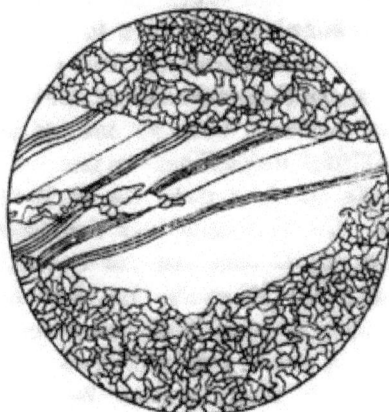

Fig. 5.

ist. Der Contrast zeigt sich besonders deutlich auf einer Ver-
witterungsfläche oder an einem Dünnschliff unter dem Mikroskop. Die Verschiedenheit der Farbe ist dadurch bedingt,

dass in den gekörnelten Partien des Gesteins die kleinen Einschlüsse fehlen, von denen die grossen Plagioklasindividuen wimmeln. Offenbar haben sie sich zu kleinen Massen von Titaneisenerz zusammengehäuft, welche in dem zerbrochenen Plagioklas eingelagert sind, in den grossen Individuen hingegen sich nicht finden. So bezeichnend ist dieser Farbencontrast, dass man an einem Schliff, der Plagioklas in beiden Zuständen enthält, unter dem Mikroskop sogleich aus der Farbe genau vorhersagen kann, wie viel sich im gekörnelten Zustande befindet und wie viel nicht, noch ehe man die Structur wirklich mit Hilfe des polarisirten Lichtes festgestellt hat.

Dies scheint auf den ersten Blick auf ein völliges Umkrystallisiren der granulirten Partien hinzuweisen, aber keine Thatsache macht dies wahrscheinlich. Der Feldspath ändert seine Zusammensetzung nicht. In vielen Schliffen kann man sogar geradezu die Entstehung des feinkörnigeren Materials aus den peripherischen Theilen der grösseren Individuen beobachten. Der Vorgang beginnt damit, dass ein Theil der Peripherie ungleichmässig auslöscht, worauf dann erst wirklich das Abbrechen der Fragmente erfolgt. Auch hier beobachtet man, sobald das Bruchstück sich von der Hauptmasse gelöst hat, dass es farblos wird. Es scheint, als wenn die Zerbröckelung irgendwie den Kräften freieren Spielraum gewähre, welche die Ansammlung des Stoffes der kleinen Einschlüsse zu grösseren Haufen bewirken. Diese Frage werden wir noch einmal berühren, wenn wir uns mit dem Anorthosit vom Saguenay-Flusse beschäftigen werden.

Wo wir, wie an einer Stelle des Morin-Gebietes, Anorthosit treffen, der vollständig aus feinkörnigem Material zusammengesetzt ist, da kann man das Gestein, wenn es wie gewöhnlich fast reiner Plagioklas ist, dem Aussehen nach schwer von weissem körnigen Kalk unterscheiden.

Die eigenartige weisse, gekörnelte Varietät des Anorthosit mit verhältnissmässig wenig grossen Individuen bildet im Morin-Gebiet zum grössten Theil den obenerwähnten armartigen Anhang an der Südostecke des Gebietes. Sie ragt aus dem Drift in allen Richtungen heraus, in Hunderten von glatten, weissen Rundhöckern, die der Landschaft ein sehr eigenartiges Gepräge verleihen. Sie wurde auch stark ent-

wickelt angetroffen im Saguenay-Gebiet und andern An-
orthosit-Gebieten der Provinz Quebec; sie wurde ferner aus
der Grafschaft Essex, New York, von ALBERT LEEDS[1], aus
Labrador von VOGELSANG[2] und auch von andern Beobach-
tern beschrieben und dürfte demnach in den meisten Gebieten
dieser Gesteinsart einigermaassen verbreitet sein. Im Morin-
Anorthosit-Gebiet (und dasselbe gilt auch für das Saguenay-
Gebiet) finden sich die am stärksten gekörnelten Varietäten
nahe den Grenzen, und zwar speciell an der Ostseite, wie
wenn der Druck von dieser Richtung aus gewirkt hätte. In
dem armartigen Ausläufer der Hauptmasse des Morin-Massivs
ist diese fein gekörnelte Varietät besonders schön sichtbar
und da der District durch Strassen und Bahnen leicht zugänglich ist, so kann ihre Structur und sonstige Beschaffenheit verhältnissmässig leicht studirt werden. Dieser Arm hat
eine durchschnittliche Breite von ungefähr 6 Meilen und ist
nahezu überall gleich breit. An dem südlichen Ende, kurz
bevor er von den discordanten cambrischen Schichten überdeckt wird, wird er ein wenig breiter, was damit zusammenhängt, dass er durch einen Gneisskeil der Länge nach ge-
spalten wird. Wie schon erwähnt wurde, läuft er im Gneiss
parallel mit der Schichtung oder der Schieferung des letzteren, so
dass es hier so aussieht, als wenn er eine Zwischenschicht bildete.

Ferner ist der weisse, gekörnelte Anorthosit in dieser
Apophyse überall mehr oder weniger deutlich geschiefert, da
die Bisilicate und Eisen-
erze mehr oder weniger
deutlich in parallele Streifen oder Schnüre ange-
ordnet sind (Fig. 6 u. 7).
Letztere sind offenbar
nichts anderes als die
rundlichen bisilicatreichen
Flecken, die in Fig. 1 ab-
gebildet sind, nur dass

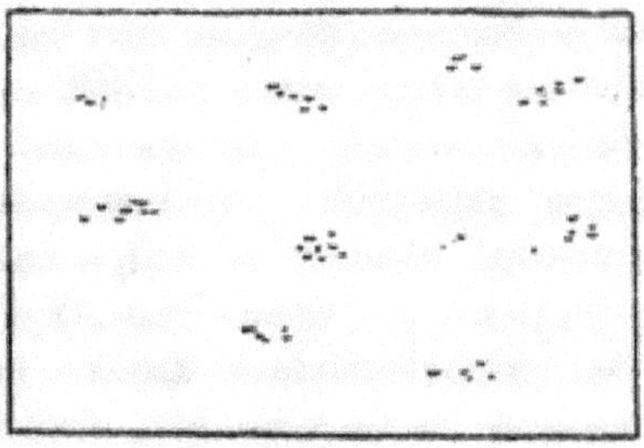

Fig. 6.

[1] A. LEEDS, Notes upon the Lithology of the Adirondaks. 13. Ann.
Rep. of the New York State Museum of Nat. Hist. 1876.

[2] VOGELSANG, Sur la Labradorite coloriée de la Côte du Labrador.
Archives Néerlandaise III. 1868.

sie durch Bewegungen im Gestein ganz lang ausgezogen
wurden. Auch die Plagioklasbruchstücke und die durch verschiedene Korngrösse sich abhebenden Theile des Gesteins-
körpers findet man in derselben Richtung angeordnet. Am
besten sieht man diese
Schieferung da, wo Bisilicate und Eisenerze ver-
hältnissmässig reichlich
vorhanden sind. Ander-
seits gleicht das Gestein
da, wo diese Bestand-
theile wie nicht selten
fast fehlen und seine
Beschaffenheit nahezu

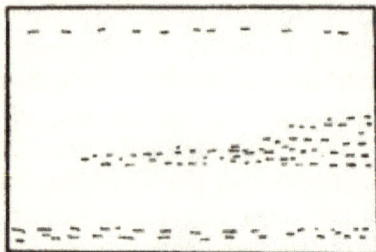

Fig. 7.

gleichmässig körnig ist, einem weissen Marmor und man sieht
auf einer verwitterten Oberfläche keine Spur von Schieferung.
Im Allgemeinen jedoch ist die Schieferung ganz deutlich und
zwar geht sie parallel zur Längsrichtung der Apophyse selbst,
d. h. der Streichrichtung des durchbrochenen Gneisses. Wie
der Gneiss selbst, fällt auch die Apophyse nach Westen ein
und wird daher an der Westseite vom Gneiss überdeckt, aber
der Einfallswinkel ist an verschiedenen Stellen ein sehr ver-
schiedener. An einigen Punkten liegt sie fast söhlig, an andern
schiesst sie ziemlich steil ein. Unmittelbar längs der westlichen Grenze der Apophyse ist das Streichen äusserst regelmässig und ungewöhnlich gut ausgebildet. Man beobachtet
es gut bei New Glasgow, aber besonders deutlich an demselben
Contact etwas weiter nördlich an der Strasse zwischen den
Dörfern Chertsey und Rawdon. Hier zeigt das Gestein in
einem Aufschlusse von bedeutender Grösse eine sehr fein-
schieferige Structur in Folge einer Wechsellagerung dünner
Schichten von reinem Plagioklas mit solchem von Pyroxen.
Die Pyroxenschichten könnte man besser als Blätter bezeichnen, da sie sehr dünn sind und häufig in Querschnitten
geradezu als parallele Linien erscheinen. Unter dem Mikroskop in Dünnschliffen zeigen sowohl sie als auch die Plagioklas-
lagen häufig Kerne oder Bruchstücke grosser Individuen mit
Schweifen von kleinen, abgebrochenen Körnchen, die sich nach
beiden Seiten erstrecken und so die Schieferung hervorrufen.

Diesen Fortschritt der Körnelung kann man in ganz erstaunlich deutlicher Weise sehen. Man findet nämlich grosse Krystall-kerne im Begriff zu zerbröckeln, wie eben erwähnt. Dabei zerreissen sie häufig nach bestimmten Linien, in denen sich das zerbröckelte Material anordnet. Ausserdem bemerkt man oft, dass diese Kerne die Überbleibsel von sehr grossen Indivi-duen sind, die fast genau in der Schieferungsrichtung durch-gerissen wurden. Sie sind dann oft nur sehr schmal aber von beträchtlicher Länge. Es kam sogar vor, dass solche Stücke zwölfmal so lang als breit waren.

An dem oberen Ende der Apophyse, wo sie an das Haupt-gebiet herantritt, wird die Schieferung viel weniger deutlich, und das Gestein nimmt allmählich die feinbrecciöse, unregel-mässig streifige Structur an, deren Eigenschaften und Ursachen oben besprochen wurden. Wenn man endlich das Hauptgebiet völlig erreicht hat, hört jede bestimmte Streichrichtung auf, abgesehen von einigen Stellen ganz nahe an den Grenzen.

Eine kataklastische Structur die in vieler Hinsicht der in Rede stehenden ähnlich ist, bei der die Plagioklaskörner tordirt und zerbrochen sind und ebenfalls an ihren peripherischen Theilen die Körnelung eintritt, findet man in einigen der deutlicher gestreiften Handstücke des Theralit vom Mount Royal, der oben erwähnt wurde. Hier muss man sie als das Resultat einer Bewegung auffassen, die vor der völligen Con-solidirung stattfand, ein Beispiel für das, was Brögger[1] als „protoklastische Structur" bezeichnet. Sie findet sich hier allerdings nur local und ist an vielen Schliffen des Gesteins nicht zu bemerken. Doch ist ihr Auftreten deswegen von Interesse, weil man daran sieht, dass das blosse Vorhanden-sein dieser Structur stellenweise nicht immer ein untrügliches Anzeichen dafür ist, dass das Gestein grossen Druck aus-zuhalten hatte und gequetscht wurde.

Obgleich nun freilich beim Anorthosit diese Körnelung und die sie begleitenden Umstände sicher die Folge eines Druckes sind, den das Gestein erlitt, so sind doch die Wir-kungen dieses Druckes ganz anders, als man gewöhnlich be-obachtet.

[1] Brögger, Die Mineralien der Syenitpegmatitgänge der südnorwegi-schen Augit- und Nephelin-Syenite. Zeitschr. f. Kr. Bd. 16, 1890, p. 105.

In der Regel kann man bei einer Schieferung, die durch
Zerreissen herbeigeführt ist, wie LEHMANN und andere sie an
vielen Beispielen so vorzüglich beschrieben haben, das Zerbrechen besonders längs bestimmter Bruchlinien nachweisen.
An diesen Linien oder Streifen, die manchmal ganz breit sind,
während sie andererseits bis zu mikroskopischer Kleinheit ab-
nehmen können, findet man das Gestein fein zertrümmert, so
dass es das von HEIM sogenannte „Rutschmehl." bildet, wenn
dieses sich nicht wieder verfestigt hat. Zwischen diesen
Zerreissungsflächen (shearing planes) findet man oft verhältnissmässig wenig Anzeichen von Druck. Besonders an den
Linien der Bewegung und, wenn diese nicht vorhanden sind,
auch im ganzen Gestein bemerkt man da, wo bedeutende
dynamische Wirkungen stattgefunden haben, einige eigenartige
Veränderungen an den Gemengtheilen des Gesteins.

Von diesen seien hervorgehoben: die Umwandlung der
Pyroxene in Hornblende, die der Plagioklase in das Gemenge
von Zoisit, Albit und andern Mineralien, welches unter dem
Namen Saussurit bekannt ist. Soweit zu ermitteln ist, wurde
noch kein unbezweifelter Fall unter den gequetschten Gabbros
und verwandten Gesteinen verzeichnet, wo sich nicht Uralit
und Saussurit gebildet hatten. Diese Anorthosite hingegen
zeigen bei der kataklastischen Structur folgende Eigen-
heiten:

1. Man findet die Structur nicht längs bestimmter Linien,
sondern überall im Gestein.

2. Es zeigen sich, wo sie auftritt, nicht auch Saussurit
und Uralit. Ist der Plagioklas auch noch so gekörnelt, so
zeigt sich doch keine Spur von Saussurit, ebenso kann man,
selbst wenn die Körnelung des Pyroxens so weit vorgeschritten
ist, dass nur blosse kleinste Überreste der ursprünglichen
Individuen unversehrt sind, keinen Uralit entdecken. Bisweilen kommen in der Nähe des Gneisscontactes einige kleine
Körner von dichter Hornblende mit dem Pyroxen zusammen
vor, gerade wie in vielen normalen Gabbros. Aber auch diese
ist keineswegs beständig vorhanden; es fand sich ein fein-
schiefriges Gestein vor, welches aus abwechselnden Lagen von
unverändertem Pyroxen und Plagioklas gebildet wird, und
von beiden Gemengtheilen finden sich noch die Kerne der

grossen Individuen, aus denen die Körnchen entstanden sind.
Der einzige Punkt, an welchem Saussurit angetroffen wurde,
liegt wie oben erwähnt, bei New Glasgow. Er bildet hier,
wie der Epidot, Schnüre und Adern, welche mit der Schieferung des Gesteins nicht in Zusammenhang stehen, sondern
kleine Quetschzonen darstellen, die zu einer ganz anderen, viel
späteren Zeit entstanden sind. Gerade diese Bildungen zeigen
auf das nachdrücklichste, wie verschieden die Producte der
regelrechten dynamischen Wirkung von der jetzt betrachteten
Structur sind.

3. In dem Haupttheile des Gebietes ist die Körnelung
nicht von Schieferung begleitet und man kann an den grossen
verwitterten Oberflächen Plagioklasindividuen sehen, die gerade
zerbrechen wollen, und zwar nach einer ganz beliebigen Richtung. Offenbar also wirkte nicht eine einzige von einer bestimmten Richtung her direct auf sie ein, sordern vielmehr
viele Kräfte, wie sie in einer mehr oder weniger teigigen
Masse bei Bewegung entstehen müssen. In der armartigen
Verlängerung, die den Südost-Theil des Gebietes bildet, wo
das Gestein, wie schon erwähnt, öfters deutlich geschiefert
ist, kam diese Schieferung, wie ein sorgfältiges Studium lehrte,
dadurch zu Stande, dass sich eine Masse mit unregelmässig
vertheilten, stellenweise besonders angehäuften farbigen Gemengtheilen (vgl. Fig. 1) beständig in einer Richtung be-
wegte. Die mehr oder weniger rundlichen Flecken, wo die
farbigen Gemengtheile angereichert sind, wurden dabei zu unregelmässigen, unvollkommen begrenzten Streifen ausgezogen,
und mit diesen laufen auch die Gesteinspartien parallel, in
denen sich noch Bruchstücke von Plagioklaskrystallen in
grösserer Menge finden.

Diese Thatsachen erklären sich am wahrscheinlichsten
dadurch, dass die Bewegungen in Folge des Druckes eintraten:
1. Als das Gestein noch so tief unter der Erdoberfläche
war und die aufliegenden Schichten so stark auf ihm lasteten,
dass ein Brechen und Zerreissen unter Bewegungen der ent-
standenen Fragmente nicht möglich war. Die Änderungen
in der Beschaffenheit der Masse gingen wahrscheinlich sehr
langsam vor sich, die Gemengtheile wurden zerdrückt und
die abgebrochenen Theilchen bewegten sich über einander hin,

diese Körnelung schritt je nach Dauer und Intensität dieser
Bewegung bis zu einem gewissen Grade vor.

Solch eine Bewegung würde mit der eines ganz zähen
Teiges einige Ähnlichkeit haben.

2. Als das Gestein noch sehr heiss, vielleicht sogar nahe
am Schmelzpunkt war. Dadurch erklärt sich, dass der Pyroxen,
der auch nach den Versuchen von Fouqué und Michel-Lévy bei
hoher Temperatur die stabile Form des Moleküls ist, sich nicht
so leicht in Amphibol, der die stabilere Form für niedrige
Temperaturen repräsentirt, umsetzte, wie es für gewöhnlich
in zerquetschten und zermalmten Gesteinen beobachtet wird.
Dass sich kein Saussurit bildete, hat vielleicht dieselbe Ursache,
indess sind die Bedingungen, unter denen sich dieses Mineral-
gemenge bildet, nicht genügend bekannt, als dass man eine
Ansicht über diesen Punkt aufstellen dürfte.

Die in den Gneiss eingebetteten und mit ihm wechsel-lagernden Anorthositschichten.

An manchen Punkten in der Nähe des Morin-Gebietes
findet man, wie schon erwähnt wurde, Anorthositschichten
mit Gneiss wechsellagernd. Ihre Breite variirt von einer bis
zu mehreren hundert Yards, ihre Länge von einer halben bis
zu acht engl. Meilen. Einige grössere Lager sind auf der
beigefügten Karte eingetragen. Der Charakter des Anorthosit
ist in den verschiedenen Lagern etwas wechselnd, doch im
grossen Ganzen gleicht er dem vom Morin-Gebiet. Im Allgemeinen sind diese Lager gegen den Gneiss scharf abgegrenzt,
mit Ausnahme des bei St. Jérôme befindlichen, wo der Anorthosit ringsum allmählich in den Gneiss überzugehen scheint.
Der Anorthosit dieser Lager führt im Unterschied zu dem
des Hauptmassivs häufig mehr oder weniger Hornblende, Biotit
und Granat, einmal tritt auch Skapolith in ganz beträchtlichen Mengen auf, wahrscheinlich als Umwandlungsproduct
des Plagioklas, ähnlich wie in dem wohlbekannten „gefleckten
Gabbro" von Norwegen. Ferner bemerkt man in diesen Anorthositlagern mehr oder weniger deutlich eine Anordnung der
Gemengtheile in der Längsrichtung. Unter dem Mikroskop
kann man gewöhnlich in vorzüglicher Ausbildung die oben
beschriebene Körnelung der Gemengtheile wahrnehmen.

Zugleich mit diesen Anorthositlagern, welche den Charakter und das Aussehen von Eruptivgesteinen haben, findet man vielorts, besonders an der Ostseite des Morin-Massivs in dem laurentischen Gneiss, Zwischenschichten von einem dunklen Pyroxengneiss, die allmählich in ihn übergehen. Diese haben ein vollständig anderes Aussehen als der Anorthosit, da sie viel reicher an farbigen Gemengtheilen sind. Sie führen Augit, Hypersthen und Plagioklas in Menge, sehr oft auch Biotit, Hornblende, ein wenig Quarz und beträchtliche Mengen eines nicht verzwillingten Feldspaths, wahrscheinlich grossentheils Orthoklas. Diese sog. „basischen Gneisse" trifft man auch an vielen andern weit entfernten Districten des Laurentian, aber weder sie, noch die Anorthositlager sind bisher gründlich vom mineralogischen Standpunkt aus untersucht. In einem später erscheinenden Bericht über diesen District, den die geologische Landesanstalt von Canada demnächst herausgiebt, wird auf sie genauer eingegangen werden.

Resumé der beim Studium des Moringebietes erlangten Resultate.

Im Moringebiet haben wir ein grosses eruptives Massiv von Anorthosit, d. h. sehr plagioklasreichem Gabbro vor uns. Dasselbe durchsetzt laurentische Gesteine und durchschneidet die Reihenfolge der Schichten. Es enthält Einschlüsse von Gneissblöcken, entsendet Apophysen in die Gneisse und ist an einigen Punkten von einem Gürtel eines Gesteines umgeben, welches viele charakteristische Eigenschaften der Contactproducte aufweist. Dieses Massiv zeigt an vielen Orten eine unregelmässige Anordnung der Gemengtheile und häufige Änderungen der Korngrösse, was man auch an verwandten Tiefengesteinen nicht selten wahrnimmt. Ausserdem findet man hier eine eigenartige, ungewöhnliche Art von kataklastischer Structur, und da, wo diese am stärksten auftritt, zeigt sich zugleich eine Schieferung des Gesteins. Diese Erscheinungen sind durch Druck hervorgerufen, der unter eigenartigen Verhältnissen in Wirkung trat. Die Schieferung ist keineswegs Zeugniss für eine ursprünglich sedimentäre Bildung, und ebenso zeigte es sich, dass auch alle anderen angeblichen Beweise für die Existenz eines grossen oberen Schichtencomplexes,

zu welchem der Anorthosit gehören sollte, hinfällig sind. Die
Gneisse und der Kalkstein, mit welchen er angeblich wechsel-
lagert, gehören in Wirklichkeit zu der Grenville-Stufe und
die scheinbare Wechsellagerung des Anorthosit ist die Folge
einer Intrusion. Ferner ist dieser Anorthosit discordant überlagert von flachliegenden unveränderten Schichten cambrischen
Alters (Potsdam und Calciferous), und wie die laurentischen
Gesteine, welche er durchbricht, muss er schon zur Zeit des
Cambriums dieselben Eigenschaften gehabt haben, die er noch
heute zeigt.

III. Das Saguenay-Gebiet.

Soweit wir bisher wissen, ist das bei weitem grösste
Gebiet von Anorthosit-Gesteinen des in der Gegend des Sees
St. John, aus dem der Saguenay-Fluss entspringt. Dieser
Fluss, der wegen seiner landschaftlichen Schönheiten berühmt
ist, fliesst während seines ganzen Laufes durch eine tiefe
Schlucht in laurentischen Gesteinen und ergiesst sich ungefähr 120 Meilen unterhalb der Stadt Quebec in den St. Lo-
renz-Strom. — Die südliche Grenze des Gebiets verläuft
ungefähr 100 Meilen nördlich von Quebec. Es umfasst einen
Flächenraum von nicht weniger als 5800 Quadratmeilen und
ist fast ganz von Urwald bedeckt, einer der wildesten Districte
des Dominium Canada. Die südliche Ecke des Gebietes ist
flacher und wird bewohnt. Die Gesteine sind dort sorgfältig
untersucht, während nach dem Norden hin nur Forschungs-
reisen auf den drei Flüssen Peribonka, Little Peribonka und
Shipshaw gemacht wurden, welche der Längsrichtung des
Gebietes parallel fliessen, einer auf jeder Seite, einer in der
Mitte. Längs dieser Flüsse hat man das Gestein auf beträchtlich mehr als 100 Meilen nördlich von den südlichen Grenzen
des Gebietes verfolgt, indem man am Peribonka bis zu seinen
Quellflüssen hinaufging, während der Shipshaw und der Little
Peribonka durch das Hochgebirge bis zu ihren wirklichen
Quellen verfolgt wurden, ohne dass man die nördliche Grenze
des Anorthositgebietes erreichte. Indessen fand Mr. Low, als
er auf der Reise zur Erforschung des Sees Mastassini auf die
Quellen des Peribonka stiess[1] und den District unmittelbar

---

[1] Low, On the Mastassini Expedition. Rep. of the Geol. Survey of
Canada. 1885. D.

nördlich von dem von mir durchforschten Gebiet untersuchte, keinen Anorthosit mehr. Wohl aber fand er ihn am Betsamites und später am Rat River, einem Zufluss des Mastassini. Wir kennen also innerhalb ziemlich enger Grenzen den Verlauf der nördlichen Begrenzung. Der Shipshaw und der Little Peribonka, welche bezw. auf der Ost- und der Westseite des Gebietes fliessen, werden mehrere Male von der Grenzfläche des Anorthosit mit dem Gneiss geschnitten; sie bestimmen demnach die Breite. So hat man denn eine gute allgemeine Kenntniss über die Ausdehnung des Areals gewonnen. Die einzige geologische Untersuchung des Districtes ist bisher die von RICHARDSON; sie ist sehr kurz und auf den südlichen Theil des Gebietes beschränkt. Die Resultate wurden in den Rep. of Geol. Survey of Canada 1857 veröffentlicht. Ebenda 1884 findet sich auch eine kurze Beschreibung einiger Aufschluss- punkte vom Abbé LAFLAMME. RICHARDSON giebt eine allgemeine Beschreibung des Anorthosit im südlichen Theile des Areals, aber seine Angaben über die Grenzen im Osten, sowie seine Schätzung der Ausdehnung nach Norden sind irrthümlich. Indess hat er das Verdienst, in seinem Werke nachgewiesen zu haben, welche Ähnlichkeit der Charakter dieser Gesteine mit denselben von anderen Orten in Canada zeigt, und so vermehrte er die Zahl der Gebiete, die man schon in anderen Theilen des Laurentian kannte, noch um eins.

Der Anorthosit dieses „Saguenay-Gebietes", wie wir es nennen wollen, besteht wie der vom Morin-Gebiete haupt- sächlich aus einem basischen Plagioklas. Dieser ist manchmal Labradorit, manchmal Bytownit. Augit, Hypersthen, zuweilen auch Hornblende und Biotit, sind weitere Gemengtheile; sie sind in jeder Hinsicht identisch mit den entsprechenden Mine- ralien vom Morin-Gebiet und heischen daher keine besondere Beschreibung. Das Gestein ist meist von mittlerer Korngrösse, doch variirt der Durchmesser der Körner beträchtlich, oft ganz unvermittelt von Ort zu Ort. Manchmal wachsen die Krystalle grobkörniger Varietäten bis zu Dimensionen an, dass die Plagioklasindividuen mehr als einen Fuss im Durch- messer erreichen.

Ein Unterschied dieses Anorthosit von dem des Morin- Gebietes besteht aber darin, dass er häufig Olivin führt. Oft

tritt dieses Mineral in beträchtlichen Mengen auf, so dass ein
Plagioklas-Olivinfels oder Forellenstein zu Stande kommt, in
welchem alle anderen Eisen-Magnesia-Verbindungen fehlen,
wenn man von den „Corrosionszonen" an den Berührungs-
stellen des Olivin mit dem Plagioklas absieht. Wohl in keinem
Gestein sind bisher diese Zonen, welche im Gabbro überhaupt
so häufig vorhanden sind, in vorzüglicherer Ausbildung angetroffen. Während der Untersuchung der Gesteine im Felde
schon wurde ich oft auf einen Gemengtheil aufmerksam, welcher mit einer orange Farbe verwitterte, und bei genauerer Betrachtung einer verwitterten Oberfläche sah ich beständig einen
schmalen hellgrünen Rand um diesen Gemengtheil. Nach der
Herstellung von Dünnschliffen untersuchte ich die Eigenschaften
dieser Zonen genauer und lenkte in einer kurzen Abhandlung[1]
die Aufmerksamkeit auf sie, welche ihnen früher und später
in reichlichem Maasse geschenkt wurde[2]. Die Untersuchung
vieler weiterer Handstücke von diesem Gebiet hat noch manche
Thatsachen über sie ans Licht gebracht.

Wohl die dichteste Varietät des Anorthosit in dem
ganzen Gebiet trifft man an der Ostküste des Sees St. John
an, ungefähr 1—2 Meilen südlich von dem kleinen Ausfluss
des Flusses Saguenay, wo sie grosse Aufschlüsse bildet.

Während an manchen Stellen jene Ungleichmässigkeit in
der Korngrösse sowie im Verhältniss der Gemengtheile sich
zeigt, die man so oft am Gabbro und anderen basischen Gesteinen bemerkt, war doch andererseits nirgends etwas wie
Schieferung im Gestein zu entdecken. Deutliche Schaaren von
Rissen, die durch dasselbe gehen, bewirken eine Absonderung
in würfelartige Blöcke, wie es beim Granit und anderen Tiefengesteinen auch der Fall ist.

Bei der Untersuchung von Dünnschliffen unter dem Mikro-

[1] Adams, Notes on zones of certain silicates occurring about the Olivin
in anorthosite from the Saguenay District. Amer. Nat. November 1885.
[2] J. G. Bonney, Troktolite in Aberdeenshire. Geol. Mag. Oct. 1885.
— J. H. Hatch, Notes on the Petrographical Characters of some rocks
collected in Madagascar. Q. J. G. S. May 1889. — J. W. Judd, Chemical
changes in Rocks under Mechanical Stresses. Journ. Chem. Soc. London.
May 1890. — A. E. Törnebohm, Über die wichtigeren Gabbro- und
Diabas-Gesteine Schwedens. Dies. Jahrb. 1877. 383. — G. H. Williams,
Peridotites of the Cortlandt Series. Am. Journ. of Sc. Jan. 1886.

skop sieht man Olivin und Feldspath und um den ersteren
herum die erwähnten Zonen. Einige wenige Körner von Hornblende, Ilmenit und Pyrit sind ebenfalls gewöhnlich vorhanden.
Der Plagioklas ist wie der Olivin ganz frisch und enthält
keine Zersetzungsproducte. Er hat ein spec. Gew. zwischen
2,70 und 2,71. Das Maximum der Auslöschung wurde in
mehreren Dünnschliffen bestimmt, es betrug auf beiden Seiten
der Zwillingsgrenze $32\frac{1}{2}^{\circ}$. Wir haben es also mit Bytownit
zu thun. Er ist fast schwarz, da er voll ist von den oben
beschriebenen winzigen Einschlüssen. Während man anderswo
am Anorthosit des Gebietes die kataklastische Structur vorzüglich beobachten kann, bemerkt man hier kaum ein Anzeichen von Druck. Dass Gemengtheile wirklich zerbrochen
wären, wurde nie beobachtet, und nur in wenigen Schliffen
zeigte der Feldspath gelegentlich einmal eine unregelmässige
Auslöschung. In den meisten Schliffen sah man keine Spur
von Druckphänomenen. Überdies sind es zwölf Meilen bis
zum nächstgelegenen Contact mit dem umgebenden Gneiss.
Die Zonen um den Olivin herum sind sehr breit und vorzüglich
entwickelt. Der Olivin zeigt selten angenäherte Krystall-
formen, er kommt entweder in einzelnen Individuen oder in
Aggregaten vor, die dann grössere Körner bilden. Ein einziges
Individuum bildet zuweilen einen sehr unregelmässigen, länglichen Streifen. Der Olivin krystallisirte vor dem Plagioklas
aus und wurde von diesem eingeschlossen. Trotz der Untersuchung einer beträchtlichen Zahl von Dünnschliffen wurden
die beiden Mineralien niemals direct in Berührung gefunden,
vielmehr ist jedes Olivinkorn unabänderlich von einer doppelten Zone anderer Silicate vollständig umhüllt und hierdurch
von Plagioklas geschieden.

Die erste Zone um den Olivin ist ganz oder nahezu farblos,
zeigt aber oft einen ganz schwachen Pleochroismus zwischen
grünen und rothen Farben. Sie wird von vielen kleinen Individuen gebildet, welche fest mit einander verwachsen und
rechtwinkelig zur Oberfläche des Olivin stark verlängert sind.
Oft zeigt sie die beiden aufeinander senkrechten Schaaren von
Spaltrissen, die für den Pyroxen charakteristisch sind und an
Schnitten, senkrecht zu einer optischen Axe, sieht man den
sich drehenden Balken der zweiaxigen Krystalle.

30*

Da die Individuen so klein sind und die Spaltbarkeit sehr
unvollkommen ist, so stösst man auf grosse Schwierigkeiten,
wenn man den Charakter als Pyroxen genau feststellen will.
Indessen finden sich an Handstücken aus anderen Theilen des
Gebietes ähnliche Zonen, in denen diese Krystalle der inneren
Zone in grösserem Maassstabe ausgebildet sind. Hier kann
man parallele Auslöschung, Trichroismus in rothen, grünen
und gelblichen Farben constatiren, und auch die anderen
optischen Eigenschaften der rhombischen Pyroxene, welche
in den Anorthositen von diesen wie von anderen Gebieten
auftreten.

Die äussere, d. h. die an den Plagioklas grenzende Zone
besteht aus einem hellgrünen Aktinolith in sehr dünnen nadel-
förmigen Krystallen, welche einen Rand um den Pyroxen
bilden und von ihm aus strahlenförmig in den Feldspath hinein-
ragen. Diese Zone ist beträchtlich breiter als die des Pyroxen
und die Aktinolith-Individuen stehen immer senkrecht auf der
Oberfläche der letzteren. Das Mineral ist häufig in der Nähe
des Pyroxen dichter als weiter nach aussen.

In einem Handstück von der Nordküste des Sees Kenogami ist die Hornblende der äusseren Zone voll von kleinen
Spinell-Einschlüssen. Diese haben eine tiefgrüne Farbe, sind
isotrop, stark lichtbrechend, ohne Spaltbarkeit. Sie treten
am meisten an den dem Pyroxen näheren Stellen der Horn-
blendezone auf. Bisweilen trifft man sie in Form von Körnern,
gewöhnlich aber in sonderbaren, gekrümmten, garbenartigen
Gebilden, gerade wie sie in feinkörnigen Pegmatiten oder
Granophyren der Quarz zeigt. Diese sind innerhalb der Horn-
blendekrystalle, oder zwischen denselben, in der Richtung
senkrecht zur Oberfläche der inneren Pyroxenzone angeordnet.
Oft findet man diesen Spinell in der Hornblende in Linien
parallel zu den Prismenflächen, wobei einige kleinere Individu-
duen sich dann gabelförmig theilen, in der Weise, dass die
Zinken der Gabel den beiden prismatischen Spaltbarkeiten
parallel laufen. Ein ganz ähnlicher Fall wurde von LACROIX
beschrieben und zwar beim Olivin-Norit von der Heias-Grube
bei Tvedestrand in Norwegen[1]. In diesem Gestein ist der

---

[1] LACROIX, Contributions à l'étude des Gneiss à Pyroxène et des
roches à Wernérite. Bull. soc. min. Fr. Avril 1889, p. 149.

Olivin von einer doppelten Zone umschlossen, die innere besteht aus Hypersthen, die äussere aus Amphibol, in welchem Körner von grünem Spinell zerstreut vorkommen, die öfters Anlass zu einer Art pegmatitischen (granophyrischen) Structur geben. Nach Becke[1] besteht auch der Kelyphit, der ähnliche Zonen um den Granat einiger Peridotite bildet, aus einem Gemenge von Spinell und Amphibol.

Der Olivin und die Mineralien, welche die Zonen um ihn bilden, sind vollständig verschieden orientirt: die Breite der Zonen, wie man sie in den Dünnschliffen beobachtet, steht in keiner bestimmten Beziehung zu der Grösse der Olivinkörner, zumal da diese sich mit der Richtung, in welcher der Krystall getroffen wurde, stark ändert. Die Zonen sind offenbar durch die gegenseitige Einwirkung des Kalksilicatmoleküls des Plagioklases und des basischen Magnesia-Eisen-Silicats des Olivin entstanden. Daher findet man hier Silicate von mittlerer Zusammensetzung und zwar am Olivin ein saureres Magnesia-Eisen-Silicat, an welches sich an der Seite des Plagioklases ein saures Kalk-Magnesia-Silicat anschliesst. Die Begrenzungen der ursprünglichen Olivinkörner sind jedenfalls die scharfen Linien, welche den rhombischen Pyroxen von der Hornblende trennen, und die letztere ist zweifellos in den Plagioklas hineingewachsen; andererseits kann man vielfach beobachten, wie der Augit von dieser Begrenzungslinie aus in den Olivin hineingewachsen ist, besonders da, wo der übrig gebliebene Olivin die Form eines schmalen, keilartigen Korns hat, welches in einen Strich ausläuft, an dem sich von beiden Seiten her die Pyroxenindividuen treffen.

Man hat die Meinung geäussert, dass diese Zonen durch die dynamischen Kräfte, welche auf das Gestein wirkten, hervorgebracht sind. Anderswo mag es so sein, in unserem Districte giebt es keine Thatsache, die für diese Annahme spräche.

Sie sind nämlich gut ausgebildet auch da, wo das Gestein, wie oben gesagt, ganz massig ist, und keine Thatsache sich angeben lässt, die auf dynamische Wirkungen hinwiese. Ebenso gut entwickelt finden sie sich auch an anderen Punkten des

---

[1] F. Becke, Min.-Petr. Mitth. VII, p. 250.

Anorthositgebietes, wo man ebenfalls keine Spur von dynamischen Wirkungen bemerken kann. Gewiss, man trifft sie
auch an einigen Stellen in unserem District zusammen mit
kataklastischer Structur, aber das ist ja selbstverständlich,
wenn die Zonen schon vor dem Eintritt der Structur vorhanden waren. Ein einziger Fall, wo sie auftreten, ohne dass
Druckphänomene zu bemerken wären, hat mehr Beweiskraft
als hunderte, wo zugleich deutliche Anzeichen von Druck sich
finden, da dieser ja immer später eingetreten sein kann. Auch
ein Grenzphänomen sind sie nicht, denn sie finden sich überall
um den Olivin, wo er nur im Gestein auftritt. Das oben
beschriebene Vorkommniss z. B. ist, wie schon gesagt, von
der nächsten Contactstelle mit dem Gneiss 12 Meilen entfernt.
Lacroix hat sie auch in einigen französischen Olivingabbros,
die er untersuchte, nachgewiesen; auch hier finden sie sich in
jedem Handstück. Es scheint demnach, als ob ihr Ursprung
in der Einwirkung des Plagioklas-Magmas auf den Olivin vor
der völligen Erstarrung zu suchen ist. Die sogenannten
„Opacit-Ränder", welche man in so vielen Eruptivgesteinen
um Hornblende und Biotit bemerkt, sind offenbar einigermaassen analoge Erscheinungen.

An manchen Stellen wurden in diesem Anorthositgebiet
Ilmenitlagerstätten gefunden, einige von ganz beträchtlicher
Ausdehnung. Die grösste von diesen ist an der Nordküste
des Saguenay ungefähr 15 Meilen in gerader Linie vom See
St. John gelegen; sie bildet dort eine Reihe niedriger Hügel.
Das Erz enthält noch Olivin und Plagioklas in unregelmässiger
Vertheilung und bildet drei unregelmässige Lager, die eng-
verbunden sind mit einem diabasähnlichen Gestein. Das öst-
lichste dieser drei Eisenerzlager hat eine Breite von nicht
weniger als 80 Schritt. Aus der Art des Auftretens sowie
aus der Zusammensetzung der Eisenerze folgt mit grosser
Wahrscheinlichkeit, gerade wie bei dem schon besprochenen
Eisenerz des Morin-Gebietes, dass es vulcanischen Ursprungs
ist. Es gleicht hierin den bekannten Erzen von Taberg in
Schweden, von Cumberland, von Rhode Island[1].

Alle Structurvarietäten, die bei Besprechung des Morin-

---

[1] M. E. Wadsworth, Bull. Mus. Comp. Zool. Harvard. May 1881.

Gebietes geschildert wurden, finden wir hier wieder: das
massige Gestein mit gleichförmiger Korngrösse, das massige
Gestein mit Änderungen der Korngrösse von Ort zu Ort, die
brecciöse Varietät mit einer weissen, gekörnelten Grundmasse,
in welcher grosse, unregelmässig geformte Fragmente von
dunkelblauem Plagioklas oder einige Pyroxenstreifen eingelagert sind, aber ohne deutliche Schieferung, ebensowohl
als auch allerdings seltener die gebänderten und deutlich geschieferten Abarten. Alle diese Varietäten treten auch hier
auf und gehen in einander über. Die vollkommen gebänderten
und schiefrigen Abarten sind freilich nur ausnahmsweise vorhanden, doch kann man an den meisten Punkten manche
Anzeichen von gebänderter Structur beobachten, wenn man
grosse Aufschlüsse untersucht. Die mehr gekörnelten Abarten
kommen, gerade wie im Morin-Gebiet, hauptsächlich an der
östlichen Seite vor. An dem See Kenogami an der Südost-
ecke des Gebietes erheben sich Klippen von dem gekörnelten,
weissen Anorthosit, die eine Höhe von 400 Fuss oder mehr
erreichen und die bei gänzlichem Mangel an Pyroxen und
Eisenerz wie grosse Marmorfelsen aussehen.

Es sei hier bemerkt, dass während des Processes der
Zerreibung oder Körnelung, durch den die grossen Plagioklasindividuen zu der gekörnelten Grundmasse zermalmt wurden,
keine Änderung in der chemischen Zusammensetzung dieses
Minerals eintrat. Durch den Verlust der Einschlüsse erhielt
das Material die viel hellere Farbe, aber die Zusammensetzung
des Feldspath selber änderte sich nicht. Man ersieht dies
daraus, dass der Unterschied im specifischen Gewicht der
beiden Feldspathe, der am Anorthosit von Mount Williams,
am Flusse Shipshaw, nahe dem östlichen Rande des Gebietes,
bestimmt wurde, nur 0,015 betrug. Die grossen dunkelfarbigen
Krystallfragmente waren natürlich ein wenig schwerer infolge
der zahlreichen dunklen Einschlüsse, die sie enthalten. Beide
Feldspathe waren Labradorite.

Noch deutlicher wurde dieselbe Thatsache durch Analysen
constatirt, welche sowohl an den Krystallen, als auch an der
Grundmasse von einem andern Anorthosit aus dem Chateau-
Richer-Gebiet durch Sterry Hunt vorgenommen wurden. Sie
sind in der Tabelle p. 494 unter No. I, II, III verzeichnet. Man

wird erkennen, dass Zusammensetzung und specifisches Gewicht beider identisch ist. Dasselbe stellte Leeds fest an
einem Anorthosit von Essex Co., New York, und Sachsse[1] an
einem Flasergabbro von Rosswein in Sachsen, doch war in
diesen beiden Fällen das analysirte Material nicht ganz rein.
Der Gneiss der das Gebiet unmittelbar umschliesst, trägt
einen einförmigen Charakter und enthält keine Einlagerungen
von krystallinischem Kalkstein, wie man sie in der Umgebung
des Morin-Gebietes antrifft. Er hat thatsächlich ein älteres
Aussehen und Logan hätte ihn wahrscheinlich zu dem unteren
oder dem Grundgneiss (Ottawa-Stufe) gestellt. Dieser Gneiss
hat abgesehen von localen Abweichungen durchweg eine
Streichrichtung N. 25—60 O. Längs der Südgrenze des Gebietes streicht er direct gegen den Anorthosit und wird von
diesem durchschnitten oder überlagert. Die Contactlinie des
Anorthosit gegen den Gneiss bildet eine Reihe grosser Cur-
ven, die stellenweise durch gerade Linien unterbrochen sind.
Letztere deuten höchst wahrscheinlich Verwerfungen an. An
der Ost- und der Westseite des Gebietes läuft die Grenze
mehrmals hin und zurück über den Little Peribonka, bezw.
den Shipshaw, so dass sie wiederholt die Streichrichtung des
Gneisses durchschneidet. Bemerkenswerth ist die Thatsache,
dass, wenn der Anorthosit, der ja freilich meist massig ist
und daher keine Streichrichtung hat, eine Andeutung von
Schieferung oder Streifung zeigt — und dies tritt an der
Ostseite des Gebietes, wo sich hauptsächlich der gekörnelte
Anorthosit mit Plagioklasbruchstücken findet, oft sehr ent-
schieden ein —, dass da die Richtung derselben mit der
Streichrichtung des Gneisses identisch ist, ohne dass die sich
quer hindurchziehende Contactlinie einen Einfluss hätte. Im
Innern des Gebietes jedoch, welches der Peribonka durch-
fliesst (und zwar in dem nördlicheren Theil seines Laufes oft
zwischen Felsen von 1000 Fuss Höhe), trifft dies nicht mehr
zu. Wenn der Anorthosit hier eine Streichrichtung zeigt, was
freilich nur ausnahmsweise eintritt, so ist dieselbe eine andere
als die im Gneiss und in den seitlichen Theilen des Anorthosit-
massivs, nämlich N. 40—80 W., und am oberen Peribonka

[1] R. Sachsse, Über den Feldspathgemengtheil des Flasergabbros von
Rosswein i. S. Ber. d. naturf. Ges. in Leipzig. 1883.

N. 10—20 W. Dass trotz der gemeinsamen Streichrichtung des Gneisses und des Anorthosit an den Grenzen des Gebietes die Contactlinie dieselbe mehrmals hin und zurück durchquert, könnte an der Ost- und Westseite leicht durch eine Reihe von Querbrüchen erklärt werden, wenn man annimmt, dass die Schieferung des Anorthosit hier ursprünglich dieselbe Richtung wie die Begrenzung hatte. Es ist fast sicher, dass solche Brüche existiren. Die Verhältnisse an der südlichen Begrenzung jedoch, wo der Contact genauer untersucht werden kann, wo aber unglücklicherweise die Schieferung des Anorthosit und des Gneisses meistentheils sehr undeutlich ist, weisen eher darauf hin, dass diese Übereinstimmung die Folge eines Druckes ist, der auf den Anorthosit in einer Richtung ausgeübt wurde, die nahezu senkrecht auf der gewöhnlichen Streichrichtung des Gneisses steht. Das stärkere Vorherrschen der Körnelung an der östlichen Seite des Massivs deutet an, dass dieser Druck von hierher kam. Die weniger bestimmten Andeutungen von Schieferung oder Streifung, die hier und da an dem meist massigen Anorthosit des Inneren beobachtet werden, und die nicht mit denen im Gneiss und im Anorthosit am Rande übereinstimmen, gehören wahrscheinlich zu der ursprünglichen Structur, welche unter Bewegungen in der noch nicht verfestigten Masse zu Stande kam und unverändert blieb. Diese Ansicht wird durch mehrere grosse Anorthositaufschlüsse am Ostende des Sees Tschitogama bestätigt. Das Gestein ist dort recht deutlich gestreift, Lagen von Plagioklas, fast ohne alle Bisilicate, wechseln mit solchen, in denen letztere sehr angereichert sind, ab. Die Bisilicate sind in länglichen Massen oder in kurzen Streifen angeordnet, die wohl unter einander parallel sind, aber eine andere Richtung haben, als die

Fig. 8.

besprochene Streifung (und zwar bilden sie mit letzterer im allgemeinen einen Winkel von beiläufig 60°, siehe Fig. 8). An einer anderen Stelle, ungefähr eine viertel Meile entfernt, war die Streifung horizontal, die Schieferung der Bisilicate senkrecht. Wir ersehen hieraus, dass sowohl die ursprüngliche

rohe Streifung, die Folge einer Bewegung des heterogenen
Magmas, als auch die spätere Schieferung der Bisilicatmassen,
die Folge von Druck, vorhanden sind.

In einem grossen von Wald bedeckten Gebiet, wie dieses
es ist, kann man die wirkliche Contactlinie im allgemeinen
nicht sehen; aber da, wo man beide Gesteine nahe am Contact antrifft, sind sie von Pegmatitgängen durchschnitten; ja,
oft scheint der Gneiss selbst armartige Ausläufer in den
Anorthosit zu entsenden, wie wenn er eruptiv wäre und nicht
der Anorthosit ihn durchbrochen habe. Es ist nun nachgewiesen, dass die Körnelung des Anorthosit aller Wahrscheinlichkeit nach entstand, als das Gestein noch sehr heiss
war und es ist ganz wohl möglich, dass diese armartigen
Apophysen Theile vom Gneiss sind, die in Klüfte des Anorthosit hineingepresst wurden, während der Gneiss sich in einem
mehr oder weniger plastischen Zustand befand. Diese Erklärung wird durch die bemerkenswerthe Thatsache unterstützt, welche man an Hunderten von Fällen in den verschiedensten Theilen des Laurentian bestätigt findet, dass
überall, wo Orthoklasgneisse und Amphibolite mit einander
wechsellagern und die ganze Masse gepresst wird, dass da
die Amphibolitstreifen ausnahmslos in Fragmente zerfallen,
zwischen welche dann der Gneiss eingezwängt wird; es entsteht so eine Art Breccie, welche längs der Streichrichtung
bis zu einer flachen, ungestörten Schichtfolge wechselnder
Streifen hinab verfolgt werden kann. Stets ist bei der Einwirkung von Druck, wahrscheinlich unter gleichzeitiger grosser
Hitze, das basische Gestein brüchiger als das saure. Manchmal mag allerdings der Gneiss auch von einer späteren Erup-
tion herrühren, da er, wie schon gesagt, fast massig ist und
aller Wahrscheinlichkeit nach zu dem unteren oder Ottawa-
Gneiss gehört, mit welchem viel intrusives Material zusammen
vorkommt.

An einigen Stellen des südlichen und des westlichen
Contacts tritt ein dunkler, basischer Gneiss auf, und zwar
zwischen dem typischen Anorthosit und dem Gneiss, von ähn-
lichem Aussehen wie das muthmassliche Contactproduct vom
Morin-Gebiet.

In diesem grossen Saguenay-Gebiet besteht demnach das

angebliche „Ober-Laurentian“ aus einem grossen Massiv von Gabbro, Norit und Forellenstein mit überwiegendem Plagioklasgehalt und mit denselben Varietäten, die man im Morin-Gebiet fand. Höchst wahrscheinlich verdankt es, gleich diesem, die discordante Lagerungsform seinem vulcanischen Ursprung.

Ebenso endlich, wie beim Morin-Gebiet nachgewiesen wurde, dass der Anorthosit von flachliegenden, unveränderten Schichten cambrischen Alters überlagert wird, so findet man auch im Saguenay-Gebiet an manchen Punkten auf dem Anorthosit kleine Schollen von flachliegenden unveränderten cambro-silurischen Kalksteinen und Schichten der Trenton- und der Utica-Stufe. Daraus, dass diese von dem darunter liegenden Anorthosit keinerlei Veränderung erfuhren, geht klar hervor, dass letzterer in einer weit früheren Zeit entstanden ist.

IV. Verschiedene andere Anorthositgebiete.

a. In Labrador.

Obgleich gerade von der Küste Labrador die ersten Exemplare sowohl vom Labradorit als auch vom Hypersthen, wie sie für diese Anorthosite charakteristisch sind, gebracht wurden, ist doch bisher verhältnissmässig wenig über ihre Verbreitung und die Art ihres Vorkommens in dieser entlegenen Gegend bekannt. Dass sie wirklich von einigen Anorthositgebieten herrühren, die den beschriebenen ähnlich sind und zu demselben grossen System von Intrusionen gehören, das geht allerdings aus dem, was mehrere Reisende über sie berichten, klar hervor.

Grösstentheils wurde der opalescirende Labradorit und der Hypersthen von Labrador in losen Blöcken und Geschieben gefunden, welche auf der Paulsinsel und in der Nähe von Nain in Menge zerstreut umherliegen und zum Drift gehören. Doch soll nach Reichel [1], Steinhauer [2] und Bindschedler [3] in der Nähe des letzteren Fundortes ein Gestein, welches sie führt,

[1] Reichel, Labrador. Bemerkungen über Land und Leute. Petermann's Mitth. 1863, p. 121.

[2] Steinhauer, Note relative to the Geology of the Coast of Labrador. Trans. Geol. Soc. Vol. II. 1814.

[3] Bindschedler, angeführt bei Wichmann, Zeitschr. d. Deutsch. geol. Ges. 1884, p. 486.

anstehend anzutreffen sein. Das Hauptvorkommniss muss jedoch, wie Lieber[1], Steinhauer, Bindschedler übereinstimmend angeben, tiefer im Lande gelegen sein; der letztere giebt die genaueste Auskunft darüber, indem er sagt, dass es sich am Nordwestende eines grossen Sees ungefähr 30 bis 35 „Seemeilen" nordwestlich von Nain befindet. Er war im Jahre 1882 selbst dort und traf das Gestein nur an einem Punkte an, wo es jedoch eine hohe Klippe bildet. Die Ausdehnung dieses Massivs ist demnach nicht bekannt und auf der beigefügten Karte ist deswegen nur seine Lage angedeutet.

Es ist Packard, dem wir unsere bisherige Kenntniss der Geologie der Küste Labrador grösstentheils verdanken. In seiner Schrift: „Observations on the Drift Phenomena of Labrador and Maine" vom Jahre 1865 giebt er eine allgemeine Übersicht über die Geologie der südlichen Hälfte der Ostküste der Halbinsel, welche mit wenigen, geringfügigen Abänderungen in sein Buch „The Labrador Coast" von 1891 übernommen wurde. In dem letzteren hat er eine kleine geologische Kartenskizze beigegeben. Im grossen Ganzen besteht, so weit wir wissen, die Halbinsel Labrador aus laurentischem Gneiss, mit welchem zusammen einige Eruptivgesteine vorkommen. Der Gneiss hat in der Regel einen mehr granitartigen Charakter und gehört wahrscheinlich zum unteren Laurentian, dem Ottawa-Gneiss. Auf diesem liegt jedoch in einer Einsenkung, die, ungefähr 125 Meilen lang und 25 Meilen breit, sich längs der Küste hinzieht, vom Domino-Hafen bis zum Cap Webuc, eine Schichtfolge von hellen, quarzreichen und mehr geschieferten Gneissen, oft mit viel Hornblende. Lieber nannte diese die „Domino-Gneisse". Mit ihnen zusammen findet sich beständig eine ganz eigenartige Varietät von Trapp. Packard meint, dass sie eine obere, wahrscheinlich discordante Gruppe von laurentischen Gesteinen darstellen, welche der Grenville-Stufe des inneren Canada entspricht.

Bei Square Island nun, nach dem Südende der Küste zu, in der Nähe der Belle-Isle-Strasse, findet sich mit dem unteren Gneiss zusammen ein Gestein, über welches Packard Folgendes sagt: „There occurs in large conical hills what I judge to be

---

[1] Lieber, Die amerikanische astronomische Expedition nach Labrador im Juli 1860. Petermann's Mitth. 1861, p. 213.

the great anorthosite formation of LOGAN and HUNT composed of large crystalline masses of labradorite with a little quartz and coarse crystalline masses of hornblende. The labradorite is of a smoky colour, very lustrous, translucent and opalescent with cleavage surfaces often two inches in diameter and on some of the faces presents a greenish reflection. This is but a slight approach to the green blue reflections of the precious labradorite which I have seen only at Hopedale where we obtained specimens brought from the interior by the Eskimos. As the rock weathers the greenish hornblende crystalls project in masses sometimes two inches in diameter. The gneiss rests on the south side of the hills. From the top of the hills here can be seen hugh gneiss mountains at least two thousand feet high rising in vast swell at a distance of fifteen to twenty miles in the interior while the bay is filled with innumerable skiers and islets of gneiss."

Dieses Citat ist aus dem Buch entnommen; in der oben erwähnten Abhandlung nennt er als dasjenige Mineral, welches den Plagioklas begleitet, nicht Hornblende, sondern Hypersthen. Wir haben hier wahrscheinlich, wie auch PACKARD sagt, ein grosses Anorthositgebiet im südlichen Labrador vor uns. Wie schon gesagt, ist der „Domino-" oder obere Gneiss unabänderlich von dem begleitet, was PACKARD bezeichnet als „overflows of a peculiar trap rock evidently of the age of the Domino Gneiss which it has some what disturbed". Der Trapp soll eine grob porphyrische Structur haben, auch aus grossblättrigen Massen von Hypersthen und rauchgrauem Labradorit bestehen und genau demjenigen gleichen, der von Square Island beschrieben wird und von welchem PACKARD meint, dass er durch Umschmelzung und Extrusion dieses anderen Anorthosits entstanden sei.

Es geht hieraus hervor, dass in Labrador der Anorthosit in zwei ganz verschiedenen, weit auseinander liegenden Gegenden vorkommt. Erstens im Norden im Inneren in der Umgegend von Nain, von wo der edle Labradorit kommt, und zweitens im Süden der Halbinsel in der Gegend von Square Island.

Die mineralogische Zusammensetzung des Gesteins, welches den edlen Labradorit führt, ist Gegenstand der Unter-

suchung gewesen, solange man dies Mineral kennt. Vereinzelte
Handstücke des Gesteins, welche mit Schiffsladungen von
Labradorit nach Europa kamen, wurden hier von vielen Petro-
graphen untersucht und es ergab sich, dass es beträchtlich
variirt. Es wurde bezeichnet als Gabbro[1], als Norit[2], als
Olivin-Norit[3], als Labradorfels etc., ja, während manche es
für ein vulcanisches Gestein hielten, glaubten doch andere,
es wegen der ungleichmässigen Korngrösse lieber zu den krystallinischen Schiefern rechnen zu sollen[4].

WICHMANN beschrieb auch einen Diallag-Magnetitfels mit
accessorischem Olivin, Plagioklas und Biotit aus derselben
Gegend.

Die Anorthositmassen dieses nördlichen Gebietes tragen
offenbar denselben Charakter wie die oben beschriebenen vom
Morin und Saguenay, wo Handstücke aller dieser mannig-
faltigen Gesteinsarten bisweilen an einer und derselben Stelle
in beiden Massiven in regellos körnigen und schiefrigen Varietäten gesammelt werden könnten. WICHMANN hat den Labra-
doritfels analysirt, welcher aus Plagioklas und nur ein wenig
grünem Augit besteht (vergl. Tabelle der Analysen p. 494
No. XIX). Er meint, dass dies die „Hauptfelsart“ von Nain
sei. BELL hingegen erwähnt in seiner geologischen Beschreibung dieses Theiles der Küste Labrador[5] überhaupt gar nicht
ein solches Vorkommniss bei Nain, er behauptet, dass die
Berge in der unmittelbaren Nachbarschaft aus einem „pale
grey Gneiss“ bestünden. COHEN führt als Gemengtheil des
von ihm untersuchten Handstückes auch Quarz an. Dieses
Mineral wurde in geringen Mengen auch im Anorthosit von
Château Richer gefunden, ebenso von der St. Pauls-Bay und
von New York, doch wird es wohl secundären Ursprungs sein.

---

[1] M. COHEN, Das labradoritführende Gestein an der Küste von
Labrador. Dies. Jahrb. 1885. I. p. 183. — H. VOGELSANG, Sur le Labradorite Coloré de la Côte du Labrador. Arch. Néerland. T III. 1868.

[2] J. ROTH, Über die Vorkommen von Labrador. Sitz. Berlin. Akad.
1883, p. 697.

[3] VAN WERVEKE, Eigenthümliche Zwillingsbildungen etc. Dies. Jahrb.
1883. II. p. 97.

[4] A. WICHMANN, Über Gesteine von Labrador. Zeitschr. d. Deutsch.
Geol. Gesellsch. 1884, p. 485.

[5] BELL, Report of the Geol. Surv. of Canada. 1882—84. D. D. p. 11.

b. In Neufundland.

Dieses Vorkommniss wurde zuerst von Jukes[1] erwähnt, später wurde es von Murray in seinem „Report of the Geological Survey of Newfoundland" 1873, p. 335 kurz angeführt.

Der Anorthosit kommt zusammen mit laurentischen Gneissen vor in der Gegend des Indian Head Cairn Mountain und des Little Barachois-Flusses am Südwestende der Insel Neufundland. Genaueres über seine Zusammensetzung ist noch nicht bekannt.

Auf Murray's geologischer Karte von Neufundland hat das eingezeichnete Gebiet eine Länge von 60 Meilen, es ist verhältnissmässig schmal und eine Zunge carbonischer Gesteine, welche höher liegen und es zum Theil überdecken, theilt es in zwei Theile.

Das einzige Handstück von diesem Gestein, welches zu erlangen war, stammt vom Cairn Mountain. Es ist ziemlich grobkörnig und gleicht vielen der Anorthosite vom Morin und Saguenay vollständig, nur ist es röthlich gefärbt, während diese dunkelblau oder grau sind. Es besteht fast ausschliesslich aus Plagioklas; unter dem Mikroskop sieht man wieder, wie bei so vielen Anorthositen, den kataklastischen Charakter in allen Stadien. Da haben einige Individuen gekrümmte Zwillingslamellen, andere sind schon gebogen und gebrochen, und dazwischen befindet sich gekörnelter Plagioklas. Dies fein zerbröckelte Material bildet einen Hauptbestandtheil des Gesteins, und auch in dem Handstücke sind die grösseren Krystallbruchstücke darin eingebettet. Die gewöhnlichen Einschlüsse im Plagioklas sind sehr zahlreich, aber sehr fein, wie ein Nebel, der dem Gestein, wie schon gesagt, eine röthliche Farbe verleiht, nicht die dunkelblaue. An anderen Gemengtheilen waren nur ein paar Körner blassgrünen Augits zu finden, oft umgewandelt in ein Gemenge von Chlorit, Epidot und blassgrüner Hornblende, und ausserdem einige kleine Eisenerzkörner.

c. An der Nordküste des St. Lorenz-Golfes.

Von diesen Anorthositen weiss man, dass sie an mehreren Punkten dieser Küste zusammen mit laurentischen Gneissen

[1] Jukes, A General Report on the Geological Survey of Newfoundland. 1839—1840. London. 1843.

vorkommen, aber sonst ist über die Grösse, sowie über die
stratigraphischen Beziehungen der einzelnen Vorkommnisse
nur wenig bekannt.

HIND [1] und CAYLEY [2], welche den Moisie-Fluss und seinen
Arm Clearwater hinauffuhren, stiessen auf ein Lager dieses
Gesteins, welches sich von der Mündung des North-East-
River bis zu einem Punkte vier Meilen den Clearwater auf-
wärts erstreckt. Das ist ein Abstand von ungefähr 20 Meilen.
dann tritt wieder der Gneiss auf. Wie breit dies Lager ist,
weiss man noch nicht, doch constatirte HIND, dass der Clearwater durch eine Schlucht fliesst, die 2000 Fuss tief in Anorthosit eingegraben ist. Details über Structur und Zusammensetzung des Gesteins sind noch nicht bekannt geworden.

Westwärts vom Moisie fand man Anorthosit in grossen
Aufschlüssen in Zwischenräumen die ganze Küste entlang bis
zum Pfingstfluss (Pente-cost River). RICHARDSON nahm im
Jahre 1869 [3] eine geologische Besichtigung dieser Gegend vor.
Er beschreibt den Anorthosit, der wiederum in Charakter und
Aussehen viele Abarten hat, als bläulich oder grünlich gefärbt
und nahezu identisch mit dem vom Morin-Gebiet. Gneiss
tritt ebenfalls an der Küste auf und man weiss nichts darüber.
wie weit sich der Anorthosit wohl nach Norden erstrecken
mag. Jedoch sind diese Vorkommnisse deswegen von besonderem Interesse, weil der Anorthosit hier manchmal deutlich
geschiefert oder „geschichtet" ist. Die Parallelstructur wird
durch Körner von Glimmer, Granat, Eisenerz, Hypersthen etc.
angedeutet und die scheinbare Streichrichtung ist im grossen
Ganzen Ost-West, in der Regel mit nördlichem Einfall unter
Winkeln, die zwischen 10° und 80° schwanken. Die gewöhnliche Streichrichtung des Gneisses in dieser Gegend ist nach
RICHARDSON ungefähr Nord-Süd, er schliesst daraus, dass der
Anorthosit eine Sedimentärformation ist, die discordant auf
dem Gneiss liegt.

Dieses Vorkommniss wurde wiederholt als Beweis an-

[1] HIND, Explorations in the Interior of the Labrador Peninsula.
London 1863. — Observations on the supposed glacial Drift in the Labrador
Peninsula etc. Quart. Journ. Geol. Soc. Jan. 1864.
[2] CAYLEY, Up the River Moisie. Tr. Lit. a. Hist. Soc. of Quebec. 1862, p.73.
[3] RICHARDSON, Report of the Geological Survey of Canada. 1866—1869.

geführt, dass der Anorthosit eine Schichtfolge bilde, die discordant den Gneiss überlagere.

Richardson's Untersuchung des Districts war jedoch sehr flüchtig und später ist niemand wieder dahin gereist, um seine Beobachtungen zu bestätigen. Es dürfte demnach gerathen sein, aus dem von ihm beigebrachten Beweismaterial nicht so schnell den Schluss zu ziehen, dass diese Gesteine hier ganz andere Lagerungsverhältnisse hätten als irgend anderswo.

Der Gneiss zeigt nach ihm oft wenige oder keine Anzeichen von Schichtung („little or no evidence of stratification") und an der einzigen Stelle, wo der Anorthosit sich in Contact mit dem Gneiss fand, war letzterer ein „reddish quartzose granitoid rock offering no evidence of stratification". Nirgends führt er ein Beispiel an, dass sich Gneiss und Anorthosit an nahe gelegenen Punkten mit entgegengesetzter Streichrichtung antreffen liessen. Eine sorgfältigere Untersuchung der geognostischen Verhältnisse würde wahrscheinlich ergeben, dass hier ebenso wie im Morin-Gebiet und anderswo der angebliche Beweis der Discordanz auf Schein beruht und dass in Wirklichkeit die schiefrigen Abarten des Gesteins lediglich Theile von eruptiven Massen sind, die durch Druck unter besonderen Umständen die Schieferung erlangten. Das einzige Anorthosit-Handstück von diesem Küstenstrich, welches ich gesehen habe, stammte von der „Bay of Seven Islands" und hatte durchaus die Eigenschaften eines massigen Eruptivgesteins.

Zu Sheldrake, ungefähr 60 Meilen östlich von der Mündung des Moisie, besteht die Küste ebenfalls, wie Selwyn fand, aus massigen Labradorit-Gesteinen („massive Labradorite Rocks")[1] mit schön opalescirendem Labradorit. Das Gestein hielt auf eine beträchtliche Strecke landeinwärts an, doch ist nicht bekannt, wie weit. Es ist möglich, wie Selwyn muthmaasst, dass es mit dem oben besprochenen Gebiet am Moisiefluss zusammenhängt und letzteres wiederum mit den von Richardson beschriebenen Vorkommnissen an der Küste weiter nach Westen.

Vor langer Zeit, im Jahre 1833, erwähnte Bayfield[2], dass

---

[1] Selwyn, Summary Report of the Geol. Survey of Canada. 1889, p. 4.
[2] Bayfield, Notes on the Geology of the North Coast of the St. Lawrence. Trans. Geol. Soc. of London. Vol. V. 1883.

auch weiter ostwärts an der St. Lorenzküste Labradorit und
Hypersthen vorkommen, nämlich an einer Stelle ungefähr fünf
französische Meilen östlich von St. Geneviève, ziemlich genau
nordwärts von der Mitte der Insel Anticosti.

d. An dem Nordufer des St. Lorenzstromes.

In grosser Ausdehnung tritt Anorthosit am Nordufer des
St. Lorenzstromes auf, östlich von der Stadt Quebec, in zwei
Gegenden, erstens bei Château Richer unfern Quebec, zweitens
bei St. Urbain und der St. Paulsbai weiter östlich. Beide
Vorkommnisse sind räumlich sehr ausgedehnt und wahrscheinlich Theile eines einzigen grossen Massivs, das sich möglicherweise in einer Ausdehnung von ungefähr 70 Meilen an dem
Fluss entlang hinzieht. Sie sind bisher noch nicht sorgfältig
untersucht worden, eine kurze Beschreibung findet man in dem
Bericht der geologischen Landesanstalt von Canada 1863. Doch
werden sie jetzt gerade kartirt und zwar von Mr. A. P. Low
von der geologischen Landesanstalt von Canada und es wird
in kurzer Zeit eine Abhandlung über sie erscheinen.

Das St. Urbain-Gebiet hat besonders die Aufmerksamkeit
auf sich gezogen, weil man in ihm ungeheure Ilmenitlager
findet, und zwar ist dieses Mineral sehr reich an Titansäure,
ja es kommt sogar stellenweise Rutil mit ihm zusammen vor.
Man hat vor vielen Jahren im grossartigen Maassstabe den
Versuch gemacht, diese Lager zur Eisengewinnung auszu-
beuten, es wurden Hochöfen erbaut und eine ganze Ansiede-
lung geplant. Aber der Versuch wurde wieder aufgegeben,
da das Erz infolge des hohen Procentgehalts an Titansäure
zu schwer schmelzbar war.

Ich verdanke Mr. Low eine Reihe kleiner Handstücke
der Gesteine von diesen beiden Gebieten, von welchen Dünnschliffe hergestellt wurden. Die Untersuchung derselben lehrte,
dass das Gestein fast nur aus Plagioklas besteht. Beinahe
alle Schliffe zeigen deutlich eine kataklastische Structur und
bisweilen sieht man noch die Reste der grösseren Plagioklasindividuen. Ausserdem sind stets einige Körner von Eisenerz
zugegen und in mehreren Schliffen konnte man auch einige
Körner von Pyroxen, Hornblende oder Biotit bemerken. Bisweilen ist auch ein wenig Quarz dabei, der dann wohl secundären Ursprungs sein mag.

Das Gestein von Château Richer nimmt insofern eine besondere Stellung ein, als, wenigstens in einem Falle, der Plagioklas saurer war als in irgend einem der bisher untersuchten Anorthositvorkommnisse. Analysen, welche STERRY HUNT ausführte, findet man auf p 494 No. I, II, III verzeichnet. Diese Analysen liefern auch, wie schon oben erwähnt, den Beweis dafür, dass die grossen Plagioklasindividuen und der zerriebene Plagioklas, welcher die Grundmasse oder den Teig bildet, dieselbe chemische Zusammensetzung haben.

e. Im Staate New York, U. S. A.

Schon im Jahre 1842 machte EMMONS in seinem „Report on the Geology of the Second District of the State of New York" Mittheilung von dem Vorhandensein eines grossen Lagers dieser Gesteine in Essex Co., New York. Man trifft sie an der östlichen Spitze der grossen Halbinsel oder eigentlich Insel, die aus laurentischen Gesteinen besteht, welche, wie oben angeführt wurde, hier von Canada her in die Vereinigten Staaten hineinreichen. Die Ausdehnung des Lagers ist gerade so, dass seine Grenzen nahezu mit denen von Essex Co. zusammenfallen. EMMONS giebt eine ausgezeichnete allgemeine Beschreibung von den Gesteinen des Gebietes, aber da seine Abhandlung lange vor der Entstehung der modernen Petrographie verfasst ist, so beschäftigt sie sich nur mit ihrer makroskopischen Beschaffenheit. Im Jahre 1876 theilte LEEDS in seiner Abhandlung: „Notes upon the Lithology of the Adirondacks" [1] die Resultate einer weiteren Untersuchung von mehreren Handstücken dieser Gesteine mit, jedoch beschäftigte er sich ausschliesslich mit der Frage nach ihrer chemischen Zusammensetzung. Vier Analysen, die von ihm herrühren, sind auf p. 494 verzeichnet.

Wenn man zu diesen Arbeiten noch eine kurze Abhandlung von HALL [2] nennt, so hat man alles, was bisher über dieses Gebiet veröffentlicht wurde, und doch würde es sicher ein sorgfältigeres Studium lohnen. Die Beziehungen dieser Anorthosite zu dem umgebenden Gneiss sind noch nicht sicher

---

[1] LEEDS, Thirtieth Annual Report of the New York State Museum of Natural History. 1876.

[2] HALL, Note on the Geological Position of the Serpentine Limestone of Northern New York etc. Am. Journ. Sc. July 1876.

bekannt. EMMONS sagt, sie gingen in einander über, hingegen
behauptet HALL in seiner citirten Abhandlung, dass die Anorthosite discordant auf dem Gneiss liegen. Er geht freilich
so weit, dass er auch die mit dem Gneiss vorkommenden krystallinischen Kalksteine für eine weitere Schichtfolge erklärt,
die auf Gneiss und auf Anorthosit discordant aufliege. Alle
anderen Geologen halten diese auch hier für Glieder und Theile
des Laurentian, gerade so wie in Canada, wo es ausser allem
Zweifel steht. Diese Schlussfolgerungen wurden ausserdem
von ihm gezogen, ohne dass er eine genaue geologische Untersuchung des ganzen Districts vornahm, welche es in solch
einem System gefalteter krystallinischer Gesteine allein möglich macht, eine klare Meinung sich zu bilden. Solch eine
Untersuchung würde aller Wahrscheinlichkeit nach lehren,
dass der Anorthosit hier ebenso wie in Canada den Gneiss
durchbricht.

Das Gestein ist bald massig, bald undeutlich gestreift
oder geschiefert, bald auch zeigt es sehr schön die eigenthümliche brecciöse Structur die bei den Gesteinen von Morin
und vom Saguenay beschrieben wurde, es sind dann Bruchstücke von oft bedeutendem Umfange von dem dunklen, häufig
opalescirendem Plagioklas in einer Grundmasse von demselben
Mineral eingebettet. Der Plagioklas wiegt hier ebenso wie
in den anderen Lagern bei weitem vor, ja, das Gestein besteht oft nur aus diesem Mineral. Hypersthen, Diallag, Hornblende, Biotit, Granat und Eisenerz kommen zuweilen mit dem
Plagioklas zusammen vor. Epidot und Prehnit wurden als secun-
däre Gemengtheile gefunden. Nach EMMONS findet man Quarz
im Gesteine nicht, sondern nur in kleinen Adern und Rissen
infiltrirt.

Ein Handstück dieses Anorthosit aus der Nähe des
Poke o' Moonshine Pass in Essex Co., welches ich Herrn
G. H. WILLIAMS verdanke, war von den stärker gekörnelten
Varietäten vom Morin- und vom Saguenay-Gebiet gar nicht
zu unterscheiden. Es ist ziemlich grobkörnig, grau gefärbt,
und fast ausschliesslich aus Plagioklas zusammengesetzt. Dieses Mineral hat eine weisse oder graue Farbe, aber einige
dunkelblaue Bruchstücke grösserer Körner weisen darauf hin,
dass das Gestein eine vollständige Körnelung erlitten hat.

Ein wenig Pyroxen, der fast ganz in Zoisit, Epidot und
Chlorit umgewandelt ist, dazu ein paar kleine, rothe, isotrope
Granaten, aus deren Anwesenheit man schliessen muss, dass
das Handstück wahrscheinlich nahe von der Grenze des Gebietes herstammt, endlich ein paar Körner Rutil finden sich
ausserdem. Auch ein wenig Quarz ist vorhanden, und zwar
sind seine Körner bisweilen mit dem Feldspath verwachsen,
so dass eine Art granophyrische Structur zustande kommt.
Hiernach sollte man eher meinen, dass er ein ursprünglicher
Gemengtheil sei, doch lässt sich dies nicht bestimmt nachweisen.

Auch in diesem Gebiet ist die Beziehung, welche zwischen
diesen Gesteinen und dem Charakter der mit ihnen vorkommenden Eisenerze besteht und welche schon oben besprochen wurde, deutlich zu erkennen. Wenn diese nämlich im
Anorthosit sich finden, so sind sie ausnahmslos titanhaltig, hingegen die grossen Lagerstätten bei Port Henry und anderswo
in laurentischen Gneissen bestehen aus Magneteisen. Soweit
man aus den vorhandenen Beschreibungen ersehen kann, gleichen diese Anorthosite von New York durchaus denen von
den anderen Fundstellen im canadischen Laurentian.

f. An der Ostküste der Georgian Bay am Huron-See.

BIGSBY[1] beschrieb vor langer Zeit ein Lager dieser Gesteine, welches nach ihm eine Breite von fünf Meilen hat, an
der Nordostküste des Huronsees. Das Gestein ist nach ihm
gut aufgeschlossen und zeigt einen massigen Charakter, geht
aber in Gneiss über. Der Feldspath ist grünlichblau und
grau gefärbt, er bildet Krystalle von meistens gegen einen
Zoll im Durchmesser, oft aber auch viel grösser. Unglücklicherweise ist der Fundort nicht genau angegeben, doch muss
er nach seiner Beschreibung nahe beim Parry-Sund liegen,
und ich habe daher in der beigefügten Karte in dieser Gegend
das Vorkommniss angedeutet.

Nach BELL[2] ist auch Long Inlet (die Lange Einbuchtung)
weiter südlich an derselben Küste, zehn einhalb Meilen lang, in
einen Streifen von weissem körnigen Plagioklas eingegraben, dem
noch ein wenig Quarz und schwarzer Glimmer beigemengt ist.

[1] BIGSBY, A list of Minerals and Organic Remains occurring in the Canadas. Am. Journ. of Sc. Vol. 8. 1824.
[2] BELL, Report of the Geol. Survey of Canada. 1876—77, p. 198.

g. Sonst in Canada.

Die oben beschriebenen Vorkommnisse von Anorthosit sind die einzigen grossen und bedeutenden, die man kennt. Kleine Streifen und Buckel des Gesteins hat man auch sonst im Laurentian angetroffen. Sie sind aber nicht gross und wichtig genug, als dass sie weitere Erwähnung verdienten. Meistens kommen sie in der Nähe der grossen schon beschriebenen Massive vor. Andere Vorkommnisse sind ebenfalls zu dieser Gesteinsgruppe gerechnet worden, aber man weiss noch nicht, ob sie wirklich dazu gehören. Derartige Vorkommnisse hat zum Beispiel Vennor erwähnt aus dem Laurentian nördlich vom Ostende des Ontariosees, ferner giebt es eines in der Gegend des Dolinssees bei der Stadt St. John in New Brunswick. Eine Untersuchung des letzteren Gesteins lehrte, dass es ein Olivingabbro ist.

V. Alter der Anorthosit-Intrusionen und ihre Beziehungen zum Rande der archäischen Protaxis.

Der nordamerikanische Continent baut sich bekanntlich um ein Gerippe oder Gerüst von krystallinischen Gesteinen auf, welches Dana als die Protaxis des Continents bezeichnete, und durch welches die allgemeinen Umrisse dieses Continentes bedingt sind.

Die wichtigste von diesen Protaxis ist das grosse Gebiet von Laurentian mit untergeordnetem Huronian, welches hauptsächlich in Canada liegt und den „canadischen Schild“ bildet sammt den Randgebirgen an der Küste Labrador. Es ist ein grosses Dreieck, dessen Begrenzungslinien gegen Südost und Südwest zwei Tangenten an den Polarkreis sind, und das sich nach Norden hin, freilich grossentheils von jüngeren Gesteinen bedeckt, weit in die polaren Regionen hineinerstreckt über die Grenzen des erforschten Gebietes hinaus. Ferner zieht sich an der atlantischen Küste entlang ein Streifen dieser archäischen Gesteine, welcher mit Unterbrechungen in der Gebirgskette der Appalachen zu Tage tritt und von Georgia in den Vereinigten Staaten bis zur Halbinsel Gaspe in Canada reicht. Er wird an der Ostseite noch von einem zweiten begleitet, der zum Theil unter Wasser liegt, von dem man aber Stücke in Neu-Schottland und an anderen Orten am Atlantischen Ocean wahrnimmt. Diesen beiden

Streifen entsprechen im Westen des Continents Kerne dieser alten krystallinischen Gesteine in ähnlicher Lage, welche in den Rocky Mountains und in den Coast Ranges zu Tage treten. Auf Karte No. 1 ist die Hauptprotaxis zum grössten Theil eingezeichnet und die Vertheilung der laurentischen und huronischen Gesteine und die darauf lagernden palaeozoischen Schichten dargestellt. Über die Karte hinaus nach Westen würde noch der südliche Rand der Protaxis in nordwestlicher Richtung verlaufen nahezu bis an das Eismeer, welches er in der Gegend der Franklin-Bay östlich von der Mündung des Mackenzie-Flusses fast erreicht. Im Osten ist auch der nördliche Theil der Protaxis noch eingezeichnet.

Über die Entstehung dieses grossen Complexes von Gneissen und anderen krystallinischen Gesteinen, welche die Protaxis bilden, brauchen wir uns hier nicht weiter auszulassen. Es genüge die Bemerkung, dass sedimentäre Bildungen zweifellos schon an der Zusammensetzung wenigstens des oberen Laurentian (Grenville-Stufe) und des Huronian theilnehmen.

Die appalachische Protaxis wird wohl grossentheils in Folge späterer Faltungen heraufgehoben sein, besonders der Theil, der in Canada liegt; aber diese Hauptprotaxis hatte im wesentlichen ihre gegenwärtige Gestalt schon zur Zeit des Cambrium, allerdings war wahrscheinlich damals gerade wie später im Untersilur ein grosses Areal im Innern um die Hudson-Bay herum vom Meer bedeckt, während es sich jetzt über die Meeresoberfläche erhebt. Rings um diese schon gefalteten Protaxis lagerten sich während der cambrischen, silurischen, devonischen und späteren Periode Sedimente ab, und am Rande der Hauptprotaxis, oder des alten Continents, traten all' die Eruptionen von Anorthosit ein und bildeten einen Gürtel um das oceanische Becken, in welchem sich später die cambrischen Gesteine absetzten. Dann wurde jedenfalls zuerst zur Zeit des Obersilur und später wiederholt in jüngeren Perioden auf diese Sedimente von der Seite des atlantischen Beckens her ein starker Druck ausgeübt, und so wurden sie sammt den krystallinischen Gesteinen der appalachischen Protaxis in eine Reihe grosser Falten aufgeworfen, welche in ihrer Gesamtheit die appalachische Gebirgskette bilden.

Diese Faltung hatte natürlich eine starke Veränderung und Metamorphosirung zur Folge, sie endete mit der Bildung einer grossen Verwerfungsspalte an der Westseite der Kette, die von Quebec aus sich nach Süden in die Vereinigten Staaten hinein erstreckt. Westlich von dieser letzteren liegen die cambrischen und silurischen Schichten flach und unverändert und bilden die grossen Ebenen von Central-Canada.

Diese flachen unveränderten Schichten cambrischen (Potsdam und Calciferous) und silurischen Alters liegen direct auf den aufgerichteten Rändern der gefalteten laurentischen Gesteine nebst zugehörigen Anorthositen, welche hier die Hauptprotaxis bilden und welche vor der Ablagerung dieser Gesteine schon stark erodirt waren.

Die Anorthosit-Intrusionen haben demnach sicher ein präcambrisches Alter.

Genauer kann ihr Alter nicht bestimmt werden. Sie müssen etwas jünger sein als das Laurentian, welches sie durchbrechen, trotzdem fanden die Eruptionen statt, ehe noch die präcambrischen dynamischen Bewegungen, in Folge deren das Laurentian gefaltet wurde, aufgehört hatten. Denn sie wurden wenigstens zum Theil mit ihm zugleich gepresst und sie wurden in gleichem Maasse in prä·· nbrischer Zeit erodirt. In welcher Beziehung sie zum ∴ ronian stehen, ist nicht bekannt, da man sie mit diese'n noch nicht in Contact fand. Doch sind sie wahrscheinlich nicht huronischen Alters, da auch zur Zeit des Huron ungeheure Eruptionen vulcanischer Gesteine stattfanden. Diese haben aber einen ganz anderen Charakter, es sind Diorite.

Demnach sind die Anorthosite Gesteine, welche wahrscheinlich am Schlusse oder bald nach der laurentischen Periode hervorbrachen.

Eine bemerkenswerthe Thatsache betreffs dieser Anorthosite ist ihre oben angeführte Vertheilung in dieser archäischen Protaxis längs deren südlicher und östlicher Grenze am Rande des grossen Oceanbeckens, in welchem später die cambrischen Gesteine abgelagert wurden. In diesen uralten Zeiten befolgten die Eruptivgesteine dasselbe Gesetz, welches noch heute für die Vertheilung der Vulcane gilt, dass sie nämlich längs der Continentränder auftreten a . Gürtel um eine grosse oceanische Senkung. Man könnte denken, dass diese gesetzmässige Vertheilung nur scheinbar wäre, deswegen nämlich, weil das Land in diesen Theilen der Protaxis genauer erforscht wäre als an anderen Orten, dem ist aber nicht so. Es mögen ja vielleicht noch einige kleine Lager anderswo im Laurentian vorhanden sein, aber BELL und Mr. Low[1], die sich hauptsächlich mit seiner Erforschung abgegeben haben, versichern einstimmig, dass es höchst unwahrscheinlich sei, dass noch ein bedeutendes, bis jetzt nicht entdecktes Gebiet im Innern des grossen laurentischen Continents existire. Man hat die Profile längs all' der grossen Flüsse, die sich in die Südhälfte der Hudson-Bay ergiessen, von Osten und von Westen her, festgestellt, aber man fand keine Spur von diesen Gesteinen. G. M. DAWSON benachrichtigt mich auch, dass er beim Durchsehen der ganzen Literatur über die arktischen Gegenden von Canada, als er seine geologische Karte des nördlichen Theils des Dominium Canada zusammenstellte, keine Nachricht bezüglich Gesteine dieses Charakters finden konnte. Hingegen kann man erwarten, dass am Südwestrande der Protaxis zwischen Lake Superior und dem Eismeer noch ähnliche Vorkommnisse aufgefunden werden. Aber bisher sind sie nicht entdeckt, und es wäre auch sehr leicht möglich, dass sie durch palaeozoische Schichten überdeckt sind. Längs dieser Seite ziehen sich nämlich Schichten silurischen und devonischen Alters hin, und das darunter liegende Cambrium, welches wohl genauer den Rand des alten Continentes anzeigen würde, ist an dieser Seite, vorausgesetzt dass es überhaupt vorhanden ist, durch eine Decke jüngerer Schichten überlagert und verhüllt.

VI. Das Vorkommen ähnlicher Anorthosite in anderen Ländern.

Das räumlich am meisten ausgedehnte Vorkommnis von Anorthositen, welches wir ausserhalb der Herrschaft Canada kennen, ist wohl das in Norwegen. Hier gehört dazu das Gestein, das unter dem Namen Labradorfels bekannt ist, ferner ein Theil der Geseinsgruppe, welche ESMARCK als Norite bezeichnete, und endlich noch mehrere andere Vertreter der Gabbrofamilie.

---

[1] Report of the Geol. Survey of Canada. Part R. 1886.

Diese Gesteine wurden von KJERULF[1], REUSCH[2] und anderen beschrieben. Sie bilden enorme Gebirgsmassen und sind, wie in Canada, bald violett, bald braun gefärbt, bald aber auch weiss wie Kalk. Sie zeigen bald eine granitische Structur, bald eine streifige oder schieferige. Manche Handstücke können von den entsprechenden Arten in Canada gar nicht unterschieden werden.

Sie sind eruptiv und durchbrechen meist den Gneiss. Aber in Laerdal und Vos-Kirchspiel durchbrechen sie nach KJERULF Schichten von primordialem Alter und sind also wahrscheinlich etwas jünger als die canadischen Anorthosite, welche vom Obercambrium überlagert werden. Ein genauer Vergleich der Gesteine kann noch nicht angestellt werden, da die norwegischen Vorkommnisse bisher noch nicht in ihren Einzelheiten untersucht sind. Soviel scheint aber festzustehen, dass die Gesteine beider Länder ihrer Beschaffenheit nach völlig identisch sind.

Auch im südlichen Russland bei Kamenoi Brod, Gouvernement Kiew, und an vielen anderen Orten in den Gouvernements Volhynien, Podolien und Cherson trifft man auf grosse Massive von Anorthosit oder Labradorfels. In diesen herrscht der Labradorit oft so sehr vor, dass alle anderen Gemengtheile fast schwinden. Das Gestein kommt bald in einer grobkörnigen, granitischen Art vor, die dunkel violett oder fast schwarz gefärbt ist, bald in einer porphyrischen Abart mit grossen dunkelfarbigen Plagioklas-Individuen in einer hellgrauen Grundmasse. Diese Varietäten sollen in einander übergehen. Wo die grobkörnige Varietät Pyroxen führt, zeigt sie die „ophitische" Structur, welche wir ja schon von einigen Theilen des Saguenay-Gebietes kennen. Nach den vorhandenen Beschreibungen dieser Gesteine von mehreren Autoren[3] müssen sie den in dieser Abhandlung beschriebenen Anortho-

[1] KJERULF, Die Geologie des südl. und mittleren Norwegen, p. 261 ff.
[2] REUSCH, Die fossilienführenden krystall. Schiefer von Bergen, p. 84 ff.
[3] A. SCHRAUF, Studien an der Mineralspecies Labradorit. Sitzungsber. Wiener Akad. 1869, p. 996. — W. TARASSENKO, Über den Labradorfels von Kamenoi Brod. Abhandl. d. Naturw. Ges. in Kiew. 1886, p. 1—28. — M. K. DE CHROUSTCHOFF, Notes pour servir à l'étude lithologique de la Volhynie. Bull. Soc. Min. France. IX. p. 251 (weitere Literaturangaben enthaltend). .

siten auffällig gleichen und auch dieselben Varietäten aufweisen. Sie finden sich in dem grossen Bezirk granitischer Gesteine, welcher jene Gegend des russischen Reiches einnimmt. Soweit er im Gouvernement Volhynien liegt, rechnet ihn Ossowski zum Laurentian. Von den Brüchen in diesen Gesteinen stammen die prächtigen Säulen aus Labradorfels in der „Heilandskirche" in Moskau.

Ein weiteres Vorkommniss von Anorthosit von besonderem Interesse findet sich in Ägypten. Sir William Dawson bemerkte auf einer Reise in diesem Land im Winter 1883, dass ein Gestein, welches genau der schiefrigen Varietät des Anorthosit vom Morin gleich sah, als Material zu der prächtigen Statue Hephrêns, des Erbauers der zweiten Pyramide, gedient hatte. Diese Statue steht jetzt im Gizeh-Museum, wo er auch einige andere zerbrochene Bildnisse aus demselben Material vorfand. Durch die Güte des Curators des Museums konnte er sich einige kleine Stücke zu einer Untersuchung verschaffen. Das Gestein ist im Handstück nicht von dem gekörnelten Anorthosit zu unterscheiden, wie er sich bei New Glasgow im Morin-Gebiet vorfindet. Es ist frisch[1], hellgrau gefärbt und fast ausschliesslich aus Plagioklas zusammengesetzt, mit ein wenig beigemengter Hornblende, die gelegentlich mit etwas Pyroxen verwachsen ist. Es ist die schiefrige Abart des Anorthosit, und man kann die dunkleren Linien, welche durch das Auftreten von Hornblende bedingt sind, deutlich an der Statue erkennen, besonders an der rechten Seite. Dawson fand das Gestein nicht anstehend, hingegen scheint Newbold es in dem Grundgebirge angetroffen zu haben, welches den Gebirgszug östlich vom Nil bildet. Es wird dort wohl in denselben genetischen Beziehungen stehen wie in Canada. Wahrscheinlich empfahl es sich den ägyptischen Bildhauern dadurch, dass es eine angenehme Farbe besitzt, ähnlich wie Marmor, und dass es eine bessere Politur annimmt, wobei es freilich beträchtlich härter ist.

Diese Anorthosite finden sich also in vier der Länder, wo das Grundgebirge in grossartigem Maassstab entwickelt ist, in Canada, in Norwegen, in Russland, in Ägypten. In

[1] Dawson, Notes on Useful and Ornamental Stones of Ancient Egypt. Trans. of the Victoria Institute. London 1891.

den drei erstgenannten finden sie sich in enormen Massen, in den letztgenannten ist die Verbreitung noch nicht bekannt. Zu diesen Vorkommnissen werden wahrscheinlich weitere hinzukommen, wenn das Grundgebirge in anderen Gegenden der Erde erst gründlicher erforscht ist.

VII. Allgemeine Zusammenfassung.

1. Das „Ober Laurentian" oder die „Anorthositgruppe" von Sir WILLIAM LOGAN existirt nicht als selbständige geologische Formation.

2. Der Anorthosit, welcher ihr Hauptbestandtheil sein sollte, ist ein Eruptivgestein aus der Familie der Gabbros, charakterisirt durch das starke Vorherrschen des Plagioklases, welcher manchmal ganz allein das Gestein zusammensetzt.

3. Das Gestein ist ab und zu vollkommen massig, gewöhnlich aber weist es die unregelmässige Structur auf, welche man so oft an Gabbros in Folge von Änderungen der Korngrösse oder des Mengenverhältnisses der Gemengtheile von Ort zu Ort sieht. Ausser dieser ursprünglichen Structur zeigt das Gestein fast immer eine eigenthümliche kataklastische Structur, welche am ausgeprägtesten an den geschieferten Varietäten hervortritt. Sie ist nicht durch die gewöhnliche Art der Dynamometamorphose, wie sie meistens bei Gebirgsbildung eintritt, hervorgerufen, sondern durch Bewegungen in der Gesteinsmasse, während diese noch tief unter der Erdoberfläche sich befand und sehr heiss, wahrscheinlich nahe am Schmelzpunkt, war.

4. Wo sorgfältige Untersuchungen gemacht sind, hat sich immer gezeigt, dass die discordante Lagerung zu den Gneissen und den zugehörigen Gesteinen des Laurentian Folge von Intrusion ist.

5. Das Gestein kommt in einer Anzahl isolirter Gebiete vor, von denen einige eine enorme Ausdehnung haben.

6. Diese Gebiete liegen sämmtlich am Rande der archäischen Hauptprotaxis des nordamerikanischen Continentes vertheilt, gerade wie heutigen Tages die Vulcane längs der Continentränder liegen.

7. Sie sind sicher präcambrischen Alters und sind wahrscheinlich um das Ende des Laurentian entstanden.

8. Die laurentische Formation im östlichen Theile Central-Canadas besteht aus zwei Unterabtheilungen, welche früher beide von LOGAN zum Unter-Laurentian gerechnet wurden:

1) Obere oder Grenville-Stufe.

2) Unterer, Ottawa- oder Grund-Gneiss.

Die Grenville-Stufe enthält krystallinische Kalksteine, Quarzite und mannigfache Abarten von Gneiss, meist deutlich geschiefert, gestreift oder geschichtet, oft mit sehr geringen Fallwinkeln, über grosse Landstrecken hin und alle Gesteine an vielen Stellen reich an fein vertheiltem Graphit, an Eisenerzlagern etc.

Der untere oder Ottawa-Gneiss trägt einen einförmigeren Charakter, enthält keine Kalksteine etc., ist im Allgemeinen nur mehr oder weniger undeutlich geschiefert.

Im westlichen Theile Central-Canadas, wo LAWSON seine bekannten Untersuchungen über die Beziehungen der huronischen und laurentischen Gneisse ausführte, ist nur der untere oder Ottowa-Gneiss vertreten.

Die untere und die obere Abtheilung hängen eng mit einander zusammen, so dass es meist schwierig ist, ihre geographischen Grenzen genau zu bestimmen. Es könnte sein, dass sie eine continuirliche Schichtfolge bildeten, die sich mehr und mehr moderneren Verhältnissen nähert, oder aber die Grenville-Stufe liegt discordant auf den älteren Gneissen und stellt einen ganz anderen Complex von Schichten dar, die unter normaleren und den heutigen ähnlicheren Verhältnissen abgelagert sind.

Diese letztere Ansicht ist wahrscheinlich die richtige.

9. Die canadischen Anorthosite gleichen genau einigen anderen Anorthositen, die sich zusammen mit archäischen Gesteinen in Norwegen, in Russland und in Ägypten vorfinden. Die norwegischen sind wahrscheinlich jüngeren Alters.

VIII. Tabelle der Analysen.

	I.	II.	III.	IV.	V.	VI.	VII.	VIII.	IX.	X.	XI.	XII.
Si O₂	59,65	59,80	58,50	51,85	51,35	—	57,20	57,55	54,45	54,20	54,47	54,62
Ti O₂	—	—	—	—	—	39,86	—	—	—	—	—	—
Al₂O₃	25,62	25,39	25,80	20,20	20,56	—	26,40	} 27,10	28,05	29,10	26,45	26,50
Fe₂O₃	0,75	0,60	1,00	3,90	3,70	—	0,40	}	0,45	1,10	1,30	0,76
FeO	—	—	—	—	—	56,64	—	—	—	—	0,67	—
MnO	Spur	—	—	Spur	—	—	—	—	—	0,16	—	—
CaO	7,73	7,78	8,06	1,60	1,68	1,44	8,34	8,73	9,68	11,25	10,80	9,88
MgO	0,11	0,20	0,20	21,91	22,59	—	—	—	0,15	0,15	0,69	0,74
Na₂O	5,09	5,14	5,45	—	—	—	5,83	6,38	6,25	[3,60]	4,37	4,50
K₂O	0,96	1,00	1,16	—	—	—	0,84	0,79	1,06	—	0,92	1,23
H₂O	0,45	—	0,40	0,20	0,10	—	0,65	0,20	0,55	0,40	0,53	0,91
Sa.	100,15	99,82	100,57	99,66	99,88	102,84	99,66	99,75	100,49	100,00	100,20	99,70
Spec. Gew.	2,66—2,67	2,66—2,67	2,67	3,409—3,417	3,409—3,417	2,68—2,69			2,68—2,69	2,8—2,69	2,72	2,70

	XIII.	XIV.	XV.	XVI.	XVII.	XVIII.	XIX.	XX.	XXI.	XXII.	XXIII.	XXIV.
Si O₂	50,33	46,28	56,0	55,59	58,1	53,56	53,43	54,09	52,23	54,34	54,26	54,36
Ti O₂	0,07	0,59	—	—	—	—	—	—	—	—	—	—
Al₂O₃	3,36	7,38	27,5	26,41	} 27,9	28,01	28,01	27,82	26,96	29,36	29,29	29,36
Fe₂O₃	1,03	2,21	0,7	} 2,73		0,75	0,75	—	—	—	—	—
FeO	19,40	14,80	—		—	—	—	1,50	1,98	0,22	—	—
MnO	0,71	—	—	Spur	—	—	—	Spur	Spur	Spur	Spur	Spur
CaO	2,77	18,78	10,1	11,40	9,4	11,24	11,24	11,20	13,25	11,25	11,26	11,16
MgO	21,40	8,91	0,1	—	—	0,63	0,63	0,05	0,12	Spur	0,69	Spur
Na₂O	—	—	6,0	9,4	5,	4,85	4,85	4,76	5,23	} 99,29	4,87	} 99,36
K₂O	—	—	0,4	Spur	Spur	0,96	0,96	0,43	0,23	10,79	0,48	11,16
H₂O	1,14	1,11	—	0,32	—	—	—	—	—	0,46	0,22	0,63
Sa.	100,21	100,06	99,8	100,28	100,5	100,28	99,87	100,04	100,00	100,66	100,38	100,64
Spec. Gew.	3,459	3,386	2,697	—	—	—	2,673	—	2,69	—2,69	2,72	2,70

I. und II. Grosse Bruchstücke von röthlichem Plagioklas aus dem
Anorthosit von Château Richer. (J. S. Hunt, Geology of Canada 1863.)

III. Feinkörnige Plagioklas-Grundmasse, in welche die ersteren eingebettet sind. (Ibidem.)

IV. und V. Hypersthen aus demselben Gestein. (Ibidem.)

VI. Ilmenit aus demselben Gestein (mit 4,9% unlöslicher Substanz,
Quarz etc. (Ibidem.)

VII. Bläulicher Plagioklas in grossen Stücken von einem anderen Handstück des Anorthosit, Château Richer; kommt in einer feingekörnelten Grundmasse von Plagioklas eingebettet vor. (Ibidem.)

VIII. Ähnlicher Plagioklas aus einem Anorthositgeschiebe von dem benachbarten Kirchspiel St. Joachim. (Ibidem.)

IX. Sehr feinkörniger, fast weisser Anorthosit von Rawdon (Morin-
Gebiet). (Ibidem.)

X. Blauer, opalescirender Plagioklas aus Anorthosit von Morin. (Ibidem.)

XI. Bläulich opalescirender Plagioklas vom Gipfel des Mount Marcy,
Staat New York, U. S. A. (A. R. Leeds, 13th Ann. Rep. New
York State Museum of Natural History. 1876.)

XII. Sehr feinkörniger, gelblicher Anorthosit, Staat New York, U. S. A.
(Ibidem.)

XIII. Hypersthen aus Anorthosit des Mount Marcy, Staat New York,
U. S. A. (Ibidem.)

XIV. Diallag aus Anorthosit, Staat New York, U. S. A. (Ibidem.)

XV. Labradorfeldspath, Paulsinsel, Labrador. (G. Tschermak in R. Mmelsberg, Mineralchemie.)

XVI. Labradorfeldspath, Paulsinsel, Labrador. (Ibidem.)

XVII. Plagioklas aus einem feinkörnigen weisslichen Anorthosit aus
Labrador (gekörnelte Grundmasse). (H. Vogelsang, Archives
Néerlandaises. T. III. 1868.)

XVIII. Bläulichgrauer, nicht verzwillingter Labradorit, Paulsinsel, Labrador. (G. Hawes, Proc. Nat. Mus. Washington 1881.)

XIX. Labradorfels. Die Hauptfelsart von Nain, Labrador. (A. Wichmann, Z. d. D. g. G. 1884.)

XX. Labradorit, Paulsinsel. Mit Spuren von Li_2O und SrO, 0.19 Glühverlust. (Jannasch, dies. Jahrb. 1884. II. 43.)

XXI. Labradorit, Paulsinsel. In HCl löslicher Theil. Mit Spuren von
Li_2O und SrO. (Ibidem. p. 43.)

XXII. Labradorit, Paulsinsel. In HCl ungelöster Theil. (Ibidem p. 43.)

XXIII. Labradorit, Paulsinsel. Mit Spuren von Li_2O. (Ber. Deutsch. chem.
Ges. 1891. XXIV. 277.)

XXIV. Labradorit, Paulsinsel. Mit Spuren von Li_2O. (Ibidem.)

IX. Litteratur zu den Anorthositen von Canada.

ADAMS, FR. D.: The Anorthosite Rocks of Canada. Proc. Brit. Ass. Adv. Sc. 1886.
— On the Presence of Zones of Certain Silicates about the Olivine occurring in the Anorthosite Rocks from the River Saguenay. Am. Naturalist. Nov. 1885.
ADAMS, FR. D.: Preliminary Reports to Direction of the Geological Survey of Canada on Anorthosite of Saguenay and Morin areas. Rep. of the Geol. Surv. of Canada. 1884. 1885. 1887.
BADDELEY: Geology of a portion of the Labrador Coast. Trans. of the Lit. and Hist. Soc. of Quebec. 1829.
— Geology of a portion of the Saguenay District. Ibidem 1829.
BAILEY and MATTHEW: Geology of New Brunswick. Rep. of the Geol. Surv. of Canada. 1870—71.
BAYFIELD: Notes on the Geology of the North Coast of the St. Lawrence. Trans. Geol. Soc. London. Vol. V. 1833.
BELL, ROBERT: Report on the Geology of Lake Huron. Rep. of the Geol. Surv. of Canada. 1876—77. p. 198.
— Observations on the Geology, Mineralogy, Zoology and Botany of the Labrador Coast, Hudson's Bay and Strait. Rep. of the Geol. Surv. of Canada. 1882—84.
BIGSBY, JOHN: A list of Minerals and Organic Remains occurring in the Canadas. Am. Journ. Sc. I. Vol. VIII. 1824.
CAYLEY, ED.: Up the River Moisie. Trans. Lit. and Hist. Soc. of Quebec. Vol. V. 1862.
COHEN, E.: Das Labradorit-führende Gestein der Küste von Labrador. Dies. Jahrb. 1885. I. p. 183.
DAVIES, W. H. A.: Notes on Esquimaux Bay and the surrounding Country. Trans. Lit. and Hist. Soc. of Quebec. Vol. IV. 1843.
EMMONS, EB.: Report on the Geology of the Second District of the State of New York. Albany 1842.
HALL, JAMES: Notes on the Geological Position of the Serpentine Limestone of Northern New York etc. Am. Journ. Sc. Vol. XII. 1876.
HAWES, G. W.: On the Determination of Feldspar in thin sections of Rocks. Proc. National Museum. Washington 1881.
HIND, H. Y.: Observations on supposed Glacial Drift in the Labrador Peninsula etc. Q. J. G. S. Jan. 1864.
— Explorations in the Interior of the Labrador Peninsula. London 1863.
HUNT, J. STER: : Examinations of some Feldspathic Rocks. London, Edinb. and Dublin Phil. Mag. May 1855.
— On Norite or Labradorite Rock. Am. Journ. Sc. 1870.
— The Geology of Port Henry, New York. Canadian Naturalist. March 1883.
— Comparison of Canadian Anorthosites with Gabbros from Skye. Dublin Quart. Journ. July 1863.

HUNT, J. STERRY: Azoic Rocks. Part I. 2. Report of Geol. Survey of Pennsylvania.

JANNASCH, P.. Über die Löslichkeit des Labradors von der St. Paulsinsel in Salzsäure. Dies. Jahrb. 1884. II. 42.

— Über eine neue Methode zur Aufschliessung der Silicate. Ber. deutsch. chem. Ges. Berlin 1891. XXIV. 273.

JUKES, J. B.: A general Report on the Geological Survey of Newfoundland. 1839—40. London 1843.

LAFLAMME: Anorthosite at Chateau Richer. Report of the Director of the Geol. Surv. of Canada. 1885.

— Report on Geological Observations in the Saguenay Region. Rep. of the Geol. Surv. of Canada. 1884.

LEEDS, ALBERT R.: Notes upon the Lithology of the Adirondacks. 13th Ann. Rep. of the New York State Museum of Nat. Hist. 1876. Auch American Chemist. March 1877.

LIEBER, O. M.: Die amerikanische astronomische Expedition nach Labrador im Juli 1860. PETERM. Mitth. 1861.

LOGAN, W. E. and HUNT, J. S.: Reports of the Geol. Survey of Canada. 1852—58. 1863. 1869.

— On the Occurrence of Organic Remains in the Laurentian Rocks of Canada. Q. J. G. S. Nov. 1864.

LOW, A. P.: On the Mistassini Expedition. Rep. of the Geol. Surv. of Canada. 1885. D.

— Notes on anorthosite of St. Urbain, Rat River etc. Summary Rep. of the Geol. Surv. of Canada. 1890.

MC CONNELL, R. G.: Notes on the anorthosite of the township of Brandon. Summary Rep. of the Geol. Surv. of Canada. 1879—80.

OBALSKI, J.: Notes on the occurrence of anorthosite on the River Saguenay. Report of the Commissioner of Crown Lands for the Province of Quebec. 1883.

PACKARD, A. S.: The Labrador Coast. London 1891.

— Observations on the Glacial Phenomena of Labrador and Maine etc. Mem. Boston Soc. Nat. Hist. Vol. I. 1865.

— Observations on the Drift Phenomena of Labrador. Canadian Naturalist. New Series. Vol. II.

PUYJALON, H. DE: Notes on occurrence of Anorthosite on Gulf of St. Lawrence. Report of the Commissioner of Crown Lands Province of Quebec. 1883—84.

REICHEL, L. J.: Labrador, Bemerkungen über Land und Leute. PETERM. Mitth. 1863.

RICHARDSON, J.: The Geology of the vicinity of Lake St. John. Rep. of the Geol. Surv. of Canada. 1857.

— The Geology of the Lower St. Lawrence. Rep. of the Geol. Surv. of Canada. 1866—69.

ROSENBUSCH, H.: Mikroskopische Physiographie der massigen Gesteine. 1886, p. 151.

ROTH, J.: Allgemeine und chemische Geologie. Bd. II, p. 195.

— Über das Vorkommen von Labrador Sitz. Berlin. Akad. XXVIII. p. 697. 1883.

SELWYN, A. R. C.: Report on the Quebec Group and the older crystalline rocks of Canada. Rep. of the Geol. Surv. of Canada. 1877—78.

— Summary Reports of the Geol. Surv. of Canada. 1879—80. 1889.

SELWYN, A. R. C. and DAWSON, G. M.: Descriptive Sketch of the Dominion of Canada. Published by Geol. Surv. of Canada. 1882.

STEINHAUER, M.: Note relative to the Geology of the Coast of Labrador. Trans. of the Geol. Soc. London. Vol. II. 1814.

VENNOR, H. G.: Notes on the occurrence of Anorthosite. Summary Rep. of the Geol. Surv. of Canada. 1879—80, auch Rep. of the Geol. Surv. of Canada. 1876—77, p. 256—268.

VOGELSANG, H.: Sur le Labradorite Coloré de la Côte du Labrador. Archives Nèerlandaises. T. III. 1868.

VAN WERVEKE, L.: Eigenthümliche Zwillingsbildungen am Feldspath und Diallag. Dies. Jahrb. 1883. II. p. 97.

WICHMANN, A.: Über Gesteine von Labrador. Zeitschr. d. d. Geol. Ges. 1884.

WILKINS, D. J.: Notes on the Geology of the Labrador Coast. Canadian Naturalist. 1878.

Karte d.östl.Theiles von
CANADA

mit angrenzenden Theilen der
Vereinigten Staten von Nord-America.

Maasstab · Miles.

	...Anorthosit
	...Laurentian
	...Huronian

GULF
OF
St LAWRENCE

ATLANTIC OCEAN

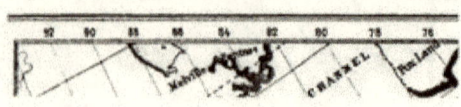

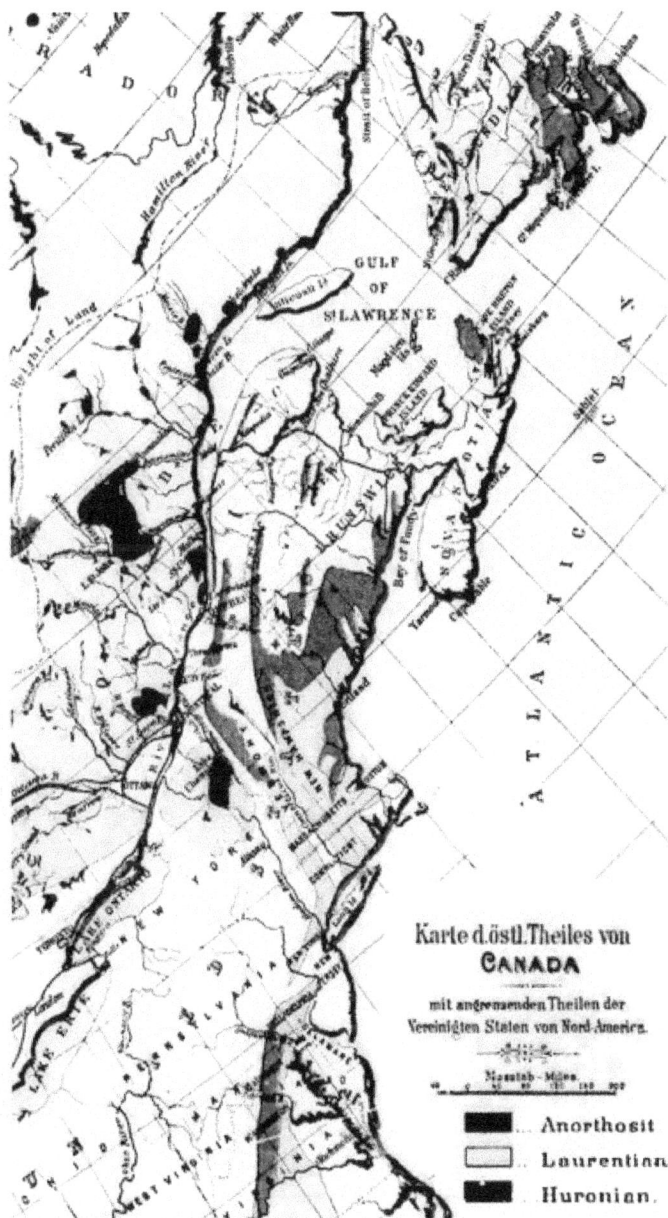

Karte d.östl.Theiles von
CANADA

mit angrenzenden Theilen der
Vereinigten Staten von Nord-America.

Maasstab - Miles

■ ... Anorthosit
□ ... Laurentian
■ ... Huronian.

GAUTIER

von Wald bedeckt

JOLIETTE

LUSSIER
St. Donat

ARCHAMBAULT

CHILTON CATHCART

DONCASTER CHERTSEY

KILDARE

WOLFE

BERESFORD

WEXFORD

RAWDON

St. Marguerite

MONTCALM

MORIN

St. Adèle

HOWARD

KILKENNY

WENTWORTH

GORE

GRENVILLE

CHATHAM

OTTAWA RIVER

MONTREAL

Gneiss. kryst. Kalkstein. Anorthosit. Gabbro. Syenit. Kambrium. Unt. Silur.

Gebiet des Anorthosit von Morin.

lith. Anstalt von A. Eckstein, Stuttgart.

www.ingramcontent.com/pod-product-compliance
Lightning Source LLC
Chambersburg PA
CBHW021956190326
41519CB00009B/1276

* 9 7 8 3 7 4 3 4 3 9 6 4 1 *